岩土工程实务

李庆海 编著

中国建筑工业出版社

图书在版编目（CIP）数据

岩土工程实务/李庆海编著．—北京：中国建筑
工业出版社，2022.1
ISBN 978-7-112-27077-4

Ⅰ.①岩…　Ⅱ.①李…　Ⅲ.①岩土工程　Ⅳ.①TU4

中国版本图书馆 CIP 数据核字（2022）第 019580 号

　　本书针对岩土工程勘察、设计中的主要内容，将环境地质、岩土特性与工程运用
相联系，总结了一套成熟的方法和必用的核心知识，揭示了岩土工程勘察、地质灾害
评估、岩土工程设计的核心技术问题，将理论与实践相结合，简洁实用，便于推广阅
读，具有较高的行业参考价值。

责任编辑：刘瑞霞
责任校对：姜小莲

岩土工程实务

李庆海　编著

*

中国建筑工业出版社出版、发行（北京海淀三里河路 9 号）

各地新华书店、建筑书店经销

唐山龙达图文制作有限公司制版

天津画中画印刷有限公司印刷

*

开本：787 毫米×1092 毫米　1/16　印张：7¾　字数：172 千字
2022 年 1 月第一版　　2022 年 1 月第一次印刷
定价：**38.00** 元
ISBN 978-7-112-27077-4
（38708）

前　言

在工程实践活动中，讨论一些工程问题时，总会有一种不透彻的心理，可能大家各自秉持而保留着一些意见，成熟或不成熟，有时萦绕于脑际，或似负担，不吐不快，故拟此书与同行共探讨。

运用岩土学就是解决工程问题的学科，具体而言就是将环境地质、岩土特性与工程运用相联系的一门学科，其主要思路就是**"基本特征→影响分析→处理建议"**的三阶段思维。说出来大家都懂，但实际许多勘察报告仅停留于基本特征描述而未进行后两阶段的分析和建议。可能一些人觉得这"三阶段思维"很简单、没有创意，甚至觉得"不过尔尔"。对他们而言，可能"不过尔尔"，但如果对另外一些人能有一些可用之处，笔者也足感欣慰了。

本书主要从岩土运用的角度来进行岩土工程剖析。原定书名为"运用岩土学"，自觉以一门"学科"命名，唯恐高度不够，故拟去掉"学"字改为"运用岩土"，但运用岩土似乎又暗指大量的工程案例，而本书主要是方法、方式的理论讲述，"干货"较少，最终定稿名称为"岩土工程实务"。

本书主要章节内容以谈论岩土工程勘察、设计、调查评估等技术问题为主，前言部分却想对行业相关问题发表一些杂谈。

第一，说说岩土工程的地域差异问题。岩土工程的地域性差异很大，但又是采用全国统一的标准和管理模式，连勘察市场都在逐渐一致化，存在许多尖锐的问题就在所难免了。勘察方法存在互不理解，勘察市场存在互不适应或强烈抵触的现象。平原地区，场地土层特性具有成片一致性特征，可能某一片区土层厚度和性质变化都很小，工程经验丰富的工程师对各片区土层性质如数家珍，信手拈来，钻探和试验可能只是一些验证，不是主要依赖，只需要适当布置勘探和试验，不需要进行大量投入，所以勘察费用低，勘察单位并不是单纯地做勘察工作，他们更多是依靠地基处理和基础设计来维持生计，他们更倾向于提出地基处理方案，要求甲方采用复合地基；但在复杂的山区，岩土种类和特性变化莫测，离开勘探和试验而胡乱猜测是不负责的行为，土层厚薄不均、岩溶及不均匀风化严重，钻探难度大，需要投入大量的勘察成本，土层厚度小且不均匀，处理地基性价比很难跟岩石地基相提并论，所以一般不采用复合地基。地质条件完全不同的两种区域，勘察方法和市场本应各不相同，但全国勘察标准和市场单价却是一致的，复杂地区的勘察人员到简单地区，可能在工作方法和成本估算等方面都会出现较大偏差，无法适应；而简单地区到复杂地区，则存在勘探、试验和评价都难以做到位、地基处理方案适应性差等现象，一些人就开始对地方政策冠以"地方保护""抵制创新"等歪词，甚至拿土质地基的钻探速度来要求岩石地基的勘探，许多时候，二者钻探速度差10倍都不止。区域不同，可能会造成不理解，甚至互相攻击，其实我们每到一个地方，除了可以带进一些新鲜或先进的方法之外，还需遵守当地的地方标准和管理模式，可以说，大多数专家不会刻意搞地方保护而抵制创新，建设工程关乎人民群众的生命和财产安全，一些实用新型如果存在某种弊端或不确定性，推广使用还是理应保持慎重，多做些试验和论证是很必要的。

第二，谈谈勘察的成本。平原地区，地层具有成片一致性特征，勘探成本低，基础埋深按深度控制，不需要长期跟踪服务，几千元就能完成一个勘察项目，勘察单位更多是依靠地基处理和基础设计来维持生计，勘察工作可能只是作为附加手段，其投入可能被忽视。

山区地层和地形均变化较大，定位偏移则持力层埋深可能就大不相同，对测量、勘探的要求都较高，技术员还要跟踪服务，直到基础施工完毕，甚至一些勘察（如地形复杂的边坡和道路等），钻机的搬运成本可能远大于钻探。总体而言勘察工作投入的人力多，服务周期长，机械搬运、燃油消耗、工人和技术员服务等都是实实在在的成本投入，但是勘察费用近年来被深度压缩，勘察单价都快要接近钻探劳务费了。

表 0-1 是一般勘察项目的投入，每人每天按 300 元的计费，共计 22 万元，这不包括食宿、交通、文印、技术、钻机燃油、水电使用等的费用，也就是单纯的最低人工成本。或许有的人说勘察单位也该精简管理模式了，但上述成本开支其实主要来自工人、测量、测试和地质技术员，投标、技术管理和收款管理等仅按 1 万元左右考虑的。

山区普通勘察工作投入的人力及时间　　　　　　表 0-1

阶段	性质	人数	时长
前期	标书编制	1~3 人	3d(含现场踏勘)
	标书校审	3 人	2d
	投标管理	1~3 人	不单独计时
中期	水电、测量控制点确认、勘探设备准备及进场	1~3 人	3~5d
	测量	2 人	1~3d
	钻探(含后勤管理)	5~15 人	一般工程暂按 30d
	地质技术管理协调 (含钻探、后勤、现场试验和协调、岩土试验送到试验室)	3 人	不单独计时
	现场试验(声波、剪切波、抽水试验、静探等)	3~10 人	不单独计时
	室内试验(含试验、校审等)	5 人	7d
	报告、图件编制及修改	3 人	10d(含送审)
	报告校审	3 人	不单独计时
后期	基础验槽(含现场技术员及技术控制的主管)	2~3 人	基础施工时长按 180d
	工程事故处理	2~3 人	不单独计时
	基础验收	2~3 人	按 3d
	收款	2~3 人	按 3d
合计(技术员能一人多职时只计一次)		40 人	240d

没有费用支持，估计和引用在一些领域可能代替了实际工作，这对于建设单位其实并不是什么好现象。如果勘察资料是偏于保守估计，那么施工成本可能大大增加；如果勘察资料是偏于冒险的估测，其结果可能是建设过程中出现问题，工程补救的费用远大于先期的预防。表面上看起来是省了勘察费，实际上建设单位可能承担更高的投资风险，建设单位节省了几千元的一项测试，结果可能要投入几千万元来进行补救。岩石地基的问题，就跟一个有裂纹的鸡蛋差不多，大量耗资都难以将其弥补完美，所以我们建议尽量生成完美的"鸡蛋"，不要生产"裂纹蛋"。

第三，谈谈风险与经济性的协调问题。山区最突出的问题是边坡问题，有些平原地区的设计人员到山区可能会轻视边坡的影响，甚至认为岩石边坡是不可能破坏的，轻率地将建筑物布置于不稳定边坡上部，建筑物在建设之初或建设之中造成的滑塌事故并不少，好在已建成并在运营中的项目滑塌事故倒不多。以往的轻小建筑、寺庙等，存在建设于陡峭悬崖上保存至今的工程案例，但我们不应盲目相信一些未经调查的个例，实际上许多悬崖上的建筑物都是经过不停的加固处理的，许多时候需要认真分析具体地质情况，尤其是荷载较大的高层建筑物，尽量避免放置于边坡潜在滑塌区范围之内，有时候将边沿的两根桩放置于坡脚以下安全度就能大大提高，但有些建设单位或设计人员觉得将边坡边沿的两根桩加深可能很浪费，想方设法都要节省那两三米的桩长，这种精明的"经济思想"，尽量不要用在地基基础的设计上。即使在计算稳定性满足要求的前提下，在成本比例增加不大的情况下，适当的放宽，能极大地提高安全度、能预防复杂多变的地质和环境异常，为什么非要将大家置于风口浪尖呢？风险和经济性可能是一个需要辩证看待的问题，风险大，降低风险增加的成本比例不大的时候，建议不要单纯坚持以经济效益为首的思想。可能一些建设单位并不是意图极限压榨勘察劳务，而只是在管控方面出现不合理现象。

值得一提的一个重要问题，就是岩土地基的差异性。土质地基随着时间的增长不断固结，历史久远后最终成岩；而地面附近的岩质地基则是逐渐裂化、风化成土的逆生长过程。

第四，谈谈勘察市场的放开与管理。市场的开放与管理，也是一个辩证的问题。管理得太多，创新和竞争力度就小；管理少或消极管理，会造成勘察工作、技术投入的缩减，勘察成果的粗制滥造，同样不利于创新和公平竞争。许多时候，只有问题出现了、普遍了，管理者才能发现问题，才会出具相应的对策和管理措施，所以管理总是存在滞后性，市场敏锐性较差时，管理可能会跟不上发展节奏。就像上面我们所说的，平原地区的勘察费用几千元，甚至为了地基处理而免费；山区的普通勘察项目最低人工成本是几十万元，甚至需要压缩合理的工作投入才能完成，全国市场开放、统一竞争，其中的味道和问题，却有谁知？放开市场的同时，建议加强技术工作的投入管理和社会人群对建设单位成果的鉴定和监督。原始资料和检测资料的鉴定和认可，应该成为勘察成果审查的一项重要内容；可以开放社会人群或购房者了解地勘资料和地质风险，掌握场地环境存在的问题及处理措施，将建设单位的勘察、设计和施工的成果标准，纳入社会对建设项目的评分之中。

市场竞争不一定是万能的，有时候我们可能需要市场经济的反向思维，比如上亿元的投资项目，勘察费用为 100 万元左右，因为 2 万的价差而选用勘探质量差、可靠度低的队伍，结果往往是得不偿失的，缺少社会人群的监督，使用工程建设方单方面的产品标准，其标准只会越来越低。目前国家推荐建设的可持续性和绿色发展理念，但是不开放社会监督，单方面的标准永远都存在被压缩执行的可能。

第五，项目负责人负责制。运营团队才是项目的核心，项目负责人协助他们完成相关的技术布置及控制成果资料的质量。勘察过程、分包商或检测项目等，各部门及技术阶层将关键工作向负责人汇报。物探、试验和测量大多是不同部门的合作关系，而投标和项目管理人员则是提供饭碗的领导，项目负责人的权利和活动经费都是被授予的，许多时候在管控方面有心无力，相对而言，审图机构的技术控制就更为有效。

第六，谈谈规范的运用问题。一直以来，笔者主要的工作范围限于西南复杂山区，可能所论诸多问题倾向于山区的特殊性问题。现行规范对于平原地区的一般场地更具有针对性和成熟的工作思路，山区的复杂问题，具诸多不可预知的情况，有时候可能需要从业者不仅限于按规范的条款照搬照套，对一些特殊问题，需要进行更多针对性的分析研究。规范除了对常规的问题进行比较明确的规定外，没有对特殊问题进行限制分析，比如大多数边坡的相关规范对地震和暴雨等都有一些明确规定，但对施工振动等问题就没有明确的规定，而一些胶结较差的顺层边坡，在附近施工振动条件下，沿层面"脱壳"，层面胶结完全丧失，造成滑坡，有些人认为规范没有规定需要考虑施工的振动效应，所以计算或评价时"按规范进行即可"，不需要考虑施工振动因素，局限于规范而忽视实际问题，这是本本主义错误。

总体而言，随着市场竞争的越演越烈，利润空间也越来越低，许多人不得不通过改进勘探方法、提高工作效率等方式来弥补利润空间的减少。勘察出现高效率化和粗放化趋势，一些工程师对勘察报告要求的内容缺少理解，程序性的抄写、复制，主次不分，对常见的问题缺少分析研究，达不到工程分析和运用的目的。一些岩土新人，出于对规范的不熟悉和对风险认知不够，对投机取巧和节省开支却保有极大热情，对一些工作程序缺少理解，所以撰写本书的另一个目的就是希望大家能更多的理解和支持岩土工作。

目 录

第1篇　环境地质条件

环境地质条件是地质灾害评估和岩土工程勘察报告的重要组成部分，但有些工程师不了解其内容有什么用途，有时候不免出现没有针对性、描写不到位的情况。本篇将试图对其中的内容进行分析。

1. 气象条件

对一般的勘察报告而言，规范中并未对气象条件进行明确规定，勘察报告只需尽可能收集到详细而有用的信息，审查时也不会以此为控制要点。但地勘和地质灾害评估报告中的气象条件究竟有没有用途呢？答案当然是肯定的。

首先，气温和雨期特点是施工单位比较关心的两个点，降雨对施工工艺和工期可能有着较大的影响，而低温、高温和冰冻等因素对混凝土的凝结和养护也有着较大影响；其次，降水、日照强度、温差、湿度等可能影响岩土的风化和性质，对边坡稳定性分析有一些参考作用；降水强度还是截、排洪沟设计的必备条件。

四川的工程师看到勘察报告说明年降水量 1100mm，会觉得匪夷所思，认为那是不可能的，因为年降水量达到 800mm 就已经很难见到了，可能会水漫金山、淹没城镇。但实际上在贵州、湖南这些地方，年降水量确实就是很大，洪灾也是司空见惯的东西（图 1-1），全国各地气象特征及其影响各不相同（表 1-1），气象条件的说明有其必要性。

勘察报告的目的不只是为了满足规范和应对审查，勘察单位有义务提供尽可能详尽的场地条件。 气候特点、降水和气温虽然不是明文规定的内容，但能给设计和施工带来便利。

国内部分城市年平均降水量、气温及气候特点　　　　表 1-1

城市	多年年平均降水量(mm)	极端高温(℃)	极端低温(℃)	气候特点
贵阳	1129.5	35.1	−7.3	菲德尔环流圈,亚热带湿润温和型气候,天无三日晴
南昌	1600	40.9	−15.2	亚热带湿润季风气候,夏炎冬寒,雨水充沛
昆明	1035	31.2	−7.8	亚热带-高原山地季风气候,夏无酷暑,冬无严寒
北京	592	42	−27	温带半湿润半干旱季风气候
西安	600	43.4	−21.2	暖温带半湿润大陆性季风气候,冷暖干湿四季分明
郑州	542.15	40.5	−15.1	北温带大陆性季风气候,冷暖气团交替频繁
上海	1173.4	50	−10	亚热带季风性气候,四季分明,日照充分,雨量充沛

城市	多年年平均降水量(mm)	极端高温(℃)	极端低温(℃)	气候特点
武汉	1205	41.3	−18.1	亚热带季风性湿润气候,夏季酷热,冬季寒冷
福州	1359	42.3	−2.5	典型的亚热带季风气候,温暖湿润
广州	1720	39.3	−2.6	海洋性亚热带季风气候,温暖多雨

注:本表大部分资料来源于百度百科。

2. 水文与水系

水文与水系部分,大多数人找不到重点,不知道有什么用途,该说什么。一般勘察报告如果能够叙述周边的河流特点和沟谷特点,也算是比较用心的。如果把这部分内容与以下一些知识联系起来,可能就有重点了:

(1)水系特征,如平行水系、网状水系、树枝状水系等,它往往跟总体地形、地下水径流方向有一定的联系。比如平行水系,往往是在地下水能够互相补给的平原地区;树枝状水系就有明显的主次,往往是山区地形由高向低的发展。

(2)河流的三大作用:侵蚀(上游)、搬运(中游)、堆积(下游)。这三大作用对地貌和地层的分布特点也有着比较明显的指示,比如侵蚀区,沟谷两岸的稳定性较差;堆积区,堆积地貌及砂砾卵石层广泛而均匀的分布。

(3)根据水系、河流区段特征再联系场区附近支流及沟谷的基本特征,眉目就比较清晰了。水文与水系基本特征的叙述,着重于场区沟谷的基本特征,对场地的冲蚀破坏、洪水或泥石流等作用切实有影响时,需要提出整治的建议。

举个例子,一些报告提到"场地北侧有一条水沟,雨期洪水较大,可能发生冲蚀作用,影响场地安全"。虽然有这种简单评述的勘察报告已属比较难得的报告了,但基本特征和分析明显过于简单,应该明确沟谷与场地的位置关系,再预估危害,提出沟谷的整治建议。比如"场地北侧有一条沟谷(补充沟谷特征描述),与场地最小距离10m,沟侧多处发生滑塌,稳定性差,建议设置护堤对场地进行保护"。

一些勘察工程师只懂得钻探、描绘各地层特点,提供各地层的承载力,对周边地质条件的调查研究,甚至不如建设单位和设计单位。比如一些对周边沟谷不着笔墨的勘察报告,问及地勘人员时,他们的回答是"设计方和建设方准备在那里修筑护堤,对那条沟进行整治",仿佛这些地质条件的整治,只是建设单位和设计单位的事情,跟自己毫无关系。

勘察报告的有些内容看起来似乎可有可无,但如果你仔细去研究,会发现它可能是影响工程建设的重大问题。对这种情况,勘察报告应做到:**如果对场地有影响,必须进行分析,提出整治建议。**

3. 地形地貌

地形地貌对场地的作用很直观,但有的工程师做起报告来就堆砌辞藻、不知所

图 1-1　沿河县某街区洪涝（2021 年 5 月 3 日暴雨后，蔡志榜摄）

云。比如某报告叙述"场地处于低山、丘陵、平原区，地势西高东低，地形平坦"，都是毫无意义的叙述，读起来给人一种迷茫和混乱的感觉。

第一，应根据绝对高程和相对高差进行区域地貌定性，大的方面分为几种地貌：高山、中山、低山、丘陵、平原如表 1-2 所示，再叙述地貌总体特点，如高大起伏、连绵起伏、星罗棋布、零星残丘……照实描写就行了，随后形容一下整体的地势特征和总体地形坡度。有些场地可能从山地跨越到平原，但不必说"场地处于山地、平原区"，可以描述为"场地处于玉溪平原的东北侧边缘地带，项目区由山体下侧、山麓斜坡地带向平原边沿延伸"，这样针对性和层次感就明显增强了许多。

区域地貌分类　　　　　　　　　　　　　　表 1-2

区域地貌类型	亚类	其他称谓（如按成因）或其他伴生地貌
山地（相对高差＞200m）	高山（绝对高程＞3500m）	深谷
	中山（绝对高程 1000～3500mm）	侵蚀型河谷、峰丛洼地
	低山（绝对高程 500～1000mm）	侵蚀型河谷、峰丛洼地
丘陵（相对高差≤200m）		侵蚀型河谷、石芽残丘、沙丘
平原（主要为平地）		山间洼地、盆地、准平原、大型河谷阶地

第二，分区段说明微地貌，部分微地貌见表 1-3，描述各拟建物的微地貌。比如拟建高位水池位于山腰、1～5 号建筑位于山麓斜坡、6～11 号建筑位于局部洼地区，12 号建筑原地貌为沟谷。

部分微地貌的基本特征 表1-3

微地貌	重要的基本特征类型
斜坡、陡坎	分布位置及宽度、高度、坡度,基本地层及稳定性特征
沟谷	宽度、谷底纵坡、流量及其季节特征,切割及堆积情况,两岸稳定性
洼地	分布位置,形状及尺寸,积水及漏水特征,可能产生的不良地质作用
阶地	长度、宽度,阶面特征,前沿稳定性
平原	成因,长度、宽度,可能产生的不良地质作用。广阔无垠时不必明确尺寸
沼泽	长度、宽度,积水情况及水质、水量,可能产生的不良地质作用
坡积裙	分布、性质,前缘宽度、坡度,基本地层特征及稳定性

注:任何地质体,基本特征记住三点:分布、尺寸、稳定性。

第三,说明各区块原地面标高、地形坡度和高差。结合场地整平标高就能明白本区挖填情况和是否存在边坡风险了,如表1-4所示。

某勘察报告的场地标高统计 表1-4

建筑物	孔口高程(m)		场平标高(m)	挖填方高度(m)	
	最小值	最大值		填方	挖方
人防地下室	1252.75	1281.86	1272.30	19.55	9.56

第四,现场地形变迁的说明。如某勘察报告,场地整平标高为1220m,总图上地形标高1285～1307m,临近场地整平区有一小山头,审查人员认为场地存在超高边坡,安全隐患较大而报告未予说明。而实际上山体已被推平,安全隐患已消除,现场工程师埋怨审查人员"无中生有,平坦场地竟要说明边坡问题",却不知是自己提供的资料存在缺陷。

4. 地质构造

一些勘察报告大篇幅描写扬子准台地、龙门山断裂、山字形构造带等,却不说明工程场地距离断裂有多远,断层对场地有没有影响。读者费尽心思去研究活断裂,对场地担心极了,报告却对断层与场地的关系只字不提、图上也没有。

地质构造部分一般可分为以下几个层次,强震区尚应附区域"构造纲要图"辅助分析:

第一,大地构造、新构造运动及地震。大地构造,总体特征就是西部强烈抬升、中部缓慢抬升、东部相对下降的趋势,西部强烈抬升最直观的是喜马拉雅山每年上升几厘米;新构造运动主要反映强烈抬升在第三系和第四系时期留下的痕迹。其实这部分内容总体反映的是地壳的稳定性,对于广大中东部地区,地壳稳定性好,该部分内容或许并没有太多意义,但西部强烈抬升地区,地壳稳定性差,沟谷向下切割强烈,泥石流沟、滑坡和崩塌很多,新构造运动迹象明显,如一个一个的"古平原"抬升到了山腰或山顶部位,对工程场地的研究和分析具有重要参考意义。

第二，场地附近的构造单元及活断层。场地附近的构造单元主要指断层及褶皱，其中活断层的单侧或两侧地层不稳定，容易发生相对移动及地质灾害。当褶皱和断层对地层的错动、扭动、褶曲作用或水文地质作用，对工程场地具有明显的影响时，我们应该仔细调查研究，说明其基本走向、倾角，分析其破碎带特征和影响范围，基本特征参见表1-5。

地质构造的基本特征　　　　　　　表 1-5

构造类型	走向	基本性质	产状	破碎带及核部特征
断层 褶皱	从哪里到哪里（两端或方位）	上下盘运动关系、旋扭关系等	倾向、倾角、弯折变化特征及轴线（面）特征	与正常岩体的区别，破碎带宽度、次生构造、水文特征

第三，工程场地地层特点及影响。工程场地与断层、褶皱核部的距离关系，是否处于褶曲和断裂的影响范围，场地地层结构具有哪些特征。值得注意的是缓倾角逆断层的上盘，影响范围较大，与主断层距离几百米都还可能看到次级断裂的影子，岩体破碎程度和地质灾害的活跃程度较高，基础底面应尽量避开主断裂上盘的破碎带附近地层。

第四，根据影响程度，提出处理措施的建议。根据现行国家标准《岩土工程勘察规范》GB 50021 的要求，大型工业建设场地，应避让全新活动断裂和发震断裂；非全新活动断裂可不采取避让措施，但当基础浅埋且破碎带发育时，应按不均匀地基考虑，所以应加强破碎带的调查、分析和试验，与周边岩土存在较大的力学差异时，应另行划分岩土单元。现行国家标准《建筑抗震设计规范》GB 50011 认为发震断裂对甲级建筑的影响应进行专门研究，如地震安全评估，乙级建筑在抗震烈度 8 度和 9 度区的避让距离分别为 200m 和 400m。

5. 地层及岩土

（1）地层时代

地层时代，其实并不只是一个时代或代号，它代表的是一类岩组，岩性和工程性质具有一定的固定性。勘察报告需要说明与场地相关的都有哪些地层，说明地层分组及各分组包括哪些岩性，每种地层的主要工程地质特征及其工程地质问题，勘察时需要注意哪方面的问题。

比如二叠系茅口组地层，主要为浅灰色白云质灰岩、灰岩及含燧石结核灰岩，厚层状，岩体较硬，岩溶发育较强。

（2）地质成因

地质成因的分类可能对岩性分析和地质勘察有一定的指导意义，不同成因的地层，其分布特征和基本性质往往具有一定差异，有时候需要采取不同的勘探措施。比如大型的冲积平原或冰碛平原，往往在较大范围内其土层性质都比较单一和均匀，除了需要注意地下水影响范围内的不良土层之外，勘探布置可以较为稀疏一些；而山区的岩溶洼地或冲洪积堆积区，其地层厚度变化大，钻孔布置就应密集一些；相对于沉积岩，火成岩（如花岗岩）就可能没有特别典型的层状结构。

不同成因岩土体的一些性质差异　　　　　　　　　表 1-6

岩浆岩	可具有一定化学活性,强度与结晶程度有关,产状与熔浆规模和流动情况有关
沉积岩	除少数环境外,在沉积过程中大多化学活性消退,层状构造明显
变质岩	与变质作用有关,正常变质的大多结构致密,重度和强度高;热蚀变和动力变质的特征明显
冲积土层	经大浪淘沙,活性较低,粗细分选较好,磨圆度好;颗粒抗风化能力强,较硬
洪积土层	岩土相混,分选较差,可具有一定磨圆度,颗粒风化特征可能有较大变化
残积土层	颗粒少,风化强烈,结构破坏,强度低

（3）包含物及岩土定名

岩土层的物质组成与工程特性关系密切，是勘察中应予重点关注的内容。土层的包含物主要有黏粒、粉粒、砂、碎石、有机质、水等，而岩体的组成物质主要分为结晶体、泥质（玻璃质）、碎屑及胶结物等。一般情况，强度及性质稳定性由大到小的顺序为：结晶体＞碎屑胶结岩体＞泥质结构＞碎石＞砂＞粉粒＞黏粒＞有机质，其中砂粒以下土层强度与含水量有着密切的联系。

岩土的定名与物质含量有着密切的联系。岩土中各类物质的含量，不仅需要在野外进行初步判断分析，必要时应进行室内分析，比如粉土、砂土、碎石土应进行室内颗粒分析，含有有机质的土层应进行有机质含量分析。

一些岩土类别定名的物质特征　　　　　　　　　表 1-7

橄榄岩-苦橄岩	SiO_2 含量小于 45%
辉长岩-玄武岩	SiO_2 含量 45%～52%
闪长岩-安山岩	SiO_2 含量 52%～66%
花岗岩-流纹岩	SiO_2 含量大于 66%
砂岩	砂屑及胶结物
泥岩	非结晶的泥质
碎石土	粒径大于 2mm 的颗粒质量超过总质量的 50%
砂土	粒径大于 0.075mm 的颗粒质量超过总质量的 50%
泥炭	有机质含量大于 60%

一些值得关注的问题及讨论：

①碎石土与混合土有时候存在定名重叠，按往常的工程习惯，人们把粗粒混合土亦定名为碎石土，细粒混合土往往定名为含碎石黏土或含碎石粉土。将粗粒混合土定名为碎石土时，需要注意混合土的特性分析；后者的定名将细粒成分表达清楚，其定名是准确的。

②有时候岩土体定名会存在一些争议，甚至达到难以协调的地步。比如，当黏性土

的塑性指数 $10 < I_p \leqslant 17$ 时，定名为粉质黏土，而 $I_p > 17$ 时，定名为黏土。曲靖平原的某一土层，总厚度达到 60m 以上，性状、含水率和抗剪强度都相差无几，但塑性指数有时候略高于 17，有时略低于 17，各钻孔和各深度内变化毫无规律性，技术员便将其合并，定名为"粉质黏土、黏土"。同样的道理，当粒径大于 2mm 的颗粒质量占总质量的百分比在 50% 上下浮动时，我们也可以合并定名，没有必要在几个百分点的问题上争得面红耳赤，将同一土层划分为数十个亚层，分析和使用的时候十分不方便。

③含风化残块的残积土，几乎没有硬质颗粒，岩体结构完全破坏，室内颗粒分析结果，常常是含有少量碎石、砂砾和粉粒，多定名为粉土。但实际上那些颗粒，或许应该是"土块"，定名为粉土，似乎有些欠妥。

（4）岩土的分布规律

岩土层的分布和厚度对基础的选用具有一定的指导意义，勘察报告应说明各层岩土物质组成的变化规律、性质和厚度变化特征、各岩土层的分布区域，分区统计各岩土层的厚度。

（5）岩土分层或岩土单元的进一步划分

岩土分层是在时代岩组、岩性定名和工程地质特征分析的基础上，进行合理的归并或分解，进一步划分岩土单元或进行质量分级。

岩土的归并即不同类别的土，归并为同一土层。比如上述例子中，性质无明显差异，塑性指数在 17 上下浮动的土类，分别划分为"粉质黏土"和"黏土"层时，一个钻孔可能划分出 30 个土层，还跟别的钻孔在深度上完全不一致，分析和使用十分不方便，进行归并是合理的，也是必要的。

岩土类型的进一步分解：同一类土，可能因为含水率的不同，性质大不相同；同一个岩层，可能因为风化特征的不同和破碎程度的不同，力学强度具有较大差异。这种情况，单靠岩土定名无法满足工程需求，必须根据其力学强度或岩体质量等级进一步划分岩土单元。

岩土体的基本特征　　　　　　　　　　　　　　　　表 1-8

岩土类型	表观特征及基本描述	主要物理力学特征	分布特征
岩石类	颜色、岩性名称、结构、构造、岩芯形状及长度、RQD、裂隙特征	重度、饱和单轴抗压强度、完整性指数	分布区域及厚度
碎石土	颜色、各粒组含量、密实度、动探击数	重度、变形模量	
砂土	颜色、湿度、密实度、标贯击数、黏粒含量	重度、变形模量	
粉土	颜色、湿度、密实度、标贯击数、摇震反应、孔隙比、含水率、黏粒含量	重度、孔隙比、含水率、压缩模量、黏粒含量、抗剪强度	
黏性土	颜色、形状、包含物、液性指数、切面	重度、塑性指数、液性指数、孔隙比、压缩模量、压缩系数、抗剪强度	

注：上述内容为常规项目的基本内容，基本特征和物理力学特征，应进行细致的鉴别和针对性的试验；对边坡有影响时，砂土、碎石土及岩石应进行抗剪强度试验；需要进行基坑地下水控制时，应进行渗透性试验；特殊岩土类，根据其基本特性和工程影响进行相关试验；特殊工程类，根据工程需求进行相关试验。

7

6. 水文地质条件

（1）地表水体

水文地质条件为什么要写地表水体？我们来看一个反面例子：某工程师，在对花溪区某湖泊、沼泽地旁边的旅游小区进行勘察时，居然对脚下的湖泊和沼泽地只字不提。如果只看报告，可能以为是可以直接建设的大型平坦场地，有些不了解现场的人认为"在填土和红黏土中开挖基坑，直接采取简单的降、排水措施就行了"，但了解现场的人却觉得这个说法"很幼稚"，因为四周都是大型的湖泊，勘察场地不过是建设单位临时填起来的一个个小型"孤岛"而已，采取简单的降、排水措施几乎是不可行的。由此可见，文字功底和技术水准差的人，写出来的报告可谓是"处处是坑"，单从他们的勘察报告出发，可能会得出不少荒谬的结论，即使是技术经验丰富的老专家，看了他们的勘察报告也都变成了"不靠谱的外行"。**勘察报告还有一项重要的功能：表达**。一些技术员，在面对面沟通交流时，对现场的地质情况了如指掌，但在勘察报告中缺少反映；一些勘察报告不把主要问题清晰化，在字里行间作隐晦的表达，这会给报告的审查和使用带来较大的困难。

地表水体基本特征（表1-9），包括分布范围、流向、流量、水质、季节性变化、水位标高等，根据不同的水体特点进行描述。地表水体和洪水水位，应在洪水冲刷线的调查、对常住居民的访问和收集水文站资料等基础上综合确定。

地表水体基本特征　　　　　　　　　　　　　　　　　　　　　　表1-9

类型	特征
湖泊、水库	分布范围、宽度；水位标高及其变化情况；水质（颜色、透明度、气味、味道等）；补给特点
沼泽地	分布范围、宽度；水体深度、软土分布范围及厚度；水位标高及变化情况；水质；补给特点
河、沟	河谷或沟谷宽度、纵坡、走向（从哪里到哪里）；流量及其变化；水面标高及变化；补给特点
井、泉	深度及出渗地层；水量、水位及其变化情况；水质特征；与附近地下水位的比较
水塘	分布位置、水塘宽度；水面标高及其变化情况；与附近地下水的补给、沟通情况

（2）地下水按含水介质分类

一般分为第四系孔隙水、岩溶水和基岩裂隙水，说明各类地下水的含水地层（赋水介质）及其渗透性，各类介质中地下水的特点、补给、径流和排泄条件及其工程地质问题（表1-10）。为查明各地层的渗透性或涌水量等特征，应进行水文地质试验。

常见含水介质及其地下水体基本特征　　　　　　　　　　　　　　表1-10

砂土	渗透性较强；地表水补给为主，根据地形条件径流和排泄；流土、液化、塌孔
黏土	渗透性弱，水量少，降水或地表水补给，蒸发形式排泄，径流条件差；土质软化
石灰岩	渗透性较强，降水或地表水补给，管道形分布，少数具有统一潜水面；注意洪水

砂岩	渗透性弱,地表裂隙发育程度较高,向下裂隙封闭及地形低洼处附近渗出
泥岩	渗透性弱,非构造破碎带,主要沿层面渗透,造成软化和顺层滑坡
花岗岩	表层张开裂隙内发育,深部无地下水;不均匀风化

（3）钻孔水位观测及场地地下水位的分析和预测

大多数的岩土工程勘察只是短期的,其钻孔地下水位观测资料并不是确定场地地下水位的唯一依据,需根据现场调查、访问和资料收集后综合确定。一般而言,地层渗透性差、各钻孔水位不太统一时,其地下水水量小（基坑及孔桩涌水量小）,为局部储水,总体稳定水位受季节性影响不大,但应注意局部汇水和水位暴涨的情况;相反,地层渗透性强,各孔水位较为统一,互相补给明显时,地下水位受洪水和附近地表水体的直接补给作用,地下水位会随之产生较大变化。

（4）工程地质问题及处理建议

提出抗浮水位:在收集历史洪峰水位和地下水位补给特性的基础上,预测地下水位的变幅,提出抗浮水位。勘察单位提供的抗浮水位应确保拟建物在使用期间的安全,不应因为设计使用的便利性和建设单位的临时节省目标而擅自降低抗浮水位,当建设单位确实需要适当节省成本（比如其意图按常水位设置抗浮）时,勘察报告应明确其中存在的风险,提出应急管理和临时疏排的建议。

基坑事故的预测:对突水、流土等基坑事故预测,并提出坑内地下水控制的建议,估算基坑涌水量,并根据影响半径和渗透性等,初步预测地下水抽排对周边环境的影响,提出监测或回灌等建议。

地下水对基础施工的影响:是否容易发生突水、坍塌等现象,需要基槽排水时,应预估基槽或孔桩的涌水量。

（5）动水位、稳定地下水位与临时水位的讨论

大多数工程师和专家们比较关心的是稳定地下水位的问题,钻孔水位观测时,需达到稳定、统一的水位线附近,才认为是真实、可靠的水位。但在局部滞水、管道型储水、暴雨临时洪峰水位、顺坡径流和盆池效应等水体之下,其地下水位变化较大,而且常常不具备稳定的潜水面,比如钻探揭穿某岩溶管道内承压水时,临时性地下水向地面以上喷射达 5m 高,经过 24h 的排泄后其地下水位逐渐下降到底面以下,完全不影响场地施工,灌浆处理后其地下水不复存在,也不影响后期的运营使用。该部分临时性的地下水往往被认为是不合理、不真实和没必要分析和讨论的地下水,但实际上,许多临时性淹没和坑底梁、柱的破坏事故均是该类临时性地下水造成的。

若当地降水量大,同时场地汇水面积较大时,应充分考虑洪水影响,按地下室的排泄口标高适当增加超高来确定抗浮水位;而一些难以预测的管道型岩溶水,当问题未发生时,提出全面处理建议就没有充分的依据,只能加强应急处理和长期管理,哪里出了问题就加强后期针对性的处治即可,不能完全归咎于勘察单位未查明情况。

7. 人类工程活动

在以钻探单价为主要计费方式的勘察活动中，人们对钻探之外的东西越来越冷漠，甚至连大型不良地质体都懒得说明，更别说附近的人类工程活动了。笔者曾碰到一个在大型弃土场下方进行场地开挖和建设的项目，大型弃土场前沿高度12m，设置了一排抗滑桩，桩顶以后按1：2放坡堆土，设计场平标高在抗滑桩桩底附近，与抗滑桩的距离仅为3m。在施工单位进场前，无人知道后方为弃土场和抗滑桩，勘察单位也仅对地基岩土和承载力进行勘察，报告对该弃土工程只字未提，施工至弃土场一角时，发生了局部小垮塌，建设单位通知各方开会商讨对策，才明确后方为大型弃土场，重新进行了场平设计和抗滑桩前方的加固。

之所以举了不少例子，是让人们理解，将各种环境地质条件阐述清楚的重要性，别只盲目追求钻探工作量的获得。场地存在挖、填改造时，附近的人类工程项目是一项很敏感的环境内容，其重要性不亚于其他任何地质条件，而有些设计单位对地质风险的敏感性认识不足，甚至不太清楚将抗滑桩挖翻、在既有建（构）筑物附近开挖大型临空面会产生什么后果。**地勘单位作为岩土专业的责任单位，有义务将环境条件和一切风险诉之于报告，告知各方。**

一些人类工程项目类型及其关注要点 　　　　表 1-11

项目类型	关注要点
水库	方位、标高关系及距离；岩土渗透性；水库水位及其变化情况；建设对水库环境的扰动程度
高速公路	距离关系；路基以下岩土构成、对路堤边坡的扰动情况及其稳定性
房屋	距离及标高关系；房屋基础的埋置深度及持力层；临空面岩土特征和稳定性
挡土墙	墙后地质体的滑塌规模；挡土墙的持力层及开挖扰动情况预测

8. 不良地质作用

大部分勘察报告对不良地质作用是点到为止，缺少分析。比如某加油站的勘察报告，"加油站北侧发育一个滑坡，建议聘请相关单位进行专项勘察"。但仔细一看，那个滑坡与加油站之间间隔一个山梁子，前沿与加油站处于同一标高，对加油站毫无影响。这就是典型的条件不清晰、分析不到位、建议不合理。

不良地质作用的描写，三步思维是必要的：基本特征、危害分析、处理建议。比如，将上述某加油站的勘察报告改写如下：

基本特征：场地北侧发育一滑坡体，主要由粉质黏土组成，滑体长80m，宽50m，厚5～8m。滑坡于2018年雨期形成，前方掩盖了公路内侧局部区域，已进行清除，目前滑体处于蠕滑状态。

危害分析：该滑体与加油站间距130m，分别处于山梁的两侧，对加油站无直接危害。

处理建议：该加油站后侧边坡地质条件与滑坡处相似，加油站开挖容易发生滑坡，建议进行专项勘察分析，进行针对性的设计和施工处理。

一些不良地质作用的描写要点　　　　　　　　　　　表 1-12

类型	要点
滑坡	规模特征(体积、长、宽、厚)、变形特征(后缘及剪出口特征、表面特征)、历史及发展趋势、稳定性、危害对象、处理建议
崩塌	危岩体的规模特征(体积、长、宽、高)、堆积体的形状及规模特征、影响因素及发展预测、滚落距离及危害对象、处理建议
泥石流	沟谷基本特征(宽度、纵坡、水流、岸坡稳定性等)、堆积体规模和物质组成
溶洞	洞径大小、可见深度、延伸方向和形状、四壁岩体类型及特征

9. 结语

在市场经济环境下，按钻探单价计费勘察，地质环境的调查和分析经济效益低，不免被一些工程师所漠视，逐渐淡忘地质环境条件的意义和应该描写的内容。本篇除了提醒同行对该部分内容引起重视和认真描写之外，将其中一些重要内容进行了列举，希望能够方便大家使用。

一般而言，**地质体基本特征中，最核心的两个内容就是发育规模和与场地的位置关系**。规模大、距离近，危害就大，处理就困难。

练习题：

地质体基本特征中，最核心的两个内容是什么？

第2篇　地质灾害危险性评估基本方法

1. 概论

　　地质灾害评估是一项可深可浅的工作，同样的单价，一些人做起来很轻松，另外一些人做起来很麻烦；在一些人的笔下可能是毫无意义的一堆套话，在另一些人笔下是能够起到指导意义的地质纲领。前者总是将复杂的问题简单化，所有的地质内容都归纳为一个简单的描述。比如地表侵蚀破坏严重，垮塌现象随处可见的地方，在他们笔下只是一句"地质条件复杂，容易发生滑坡"；怪石嶙峋的峭壁，在他们笔下还是那句"地质条件复杂，容易发生滑坡"；松散土层厚，稍微开挖就容易发生较大型滑坡的地方，在他们笔下仍是简单的一句"地质条件复杂，容易发生滑坡"；顺层岩质边坡与完整岩体的非顺层坡，在他们笔下依然是那句"地质条件复杂，可能发生滑坡"……有陡坡、陡坎、洼地、沟谷的复杂地貌，在他们笔下就是简单的"山地地貌，地形复杂"几个字；即便是有滑坡威胁的场地，在他们笔下也能采用"地质灾害不发育"来描述。但凡地形坡度较陡的地方，均提出"容易发生滑坡"，一切后果都包揽了，自然不会有问题，各种繁琐的地质体与地质现象的调查和描写变得可有可无，处理建议也是所有报告都适用的一段话"危险性小区建议以观测为主，危险性中等区建议采取一定的防护措施，危险性大区建议进行专项整治"。报告看起来全面、完整，似乎完美无瑕，但其实空洞无物，给人的印象就是"地质灾害评估就是一项毫无意义的程序"，这样做不仅把市场单价压低了，而且可能失去行业存在的价值。

　　有时候报告没有问题可能就是最大的问题，细致的报告总会浮现许多问题和争论，当细致地分析每一段边坡的岩土特征、开挖高度、层面特征，可能发生灾害的规模特征，提出针对性的治理建议时，建设单位就可以进行大略的治理费用估算，知道哪个边坡影响大，应予重点关注和解决，避免问题进一步扩大造成投资浪费，地质灾害危险性评估的实际指导意义才能得以体现。

2. 地质调查

　　坚持一个原则：**凡有必查**。凡是场地内存在的地质体和地质现象，场地附近可能有影响的地质内容，都需要进行调查、绘制于图上，并详细撰写于报告中，包括地貌类型、地表水体、地质构造、不同的地层及岩性、地质灾害及不良地质作用、人类工程活动等，描绘其特征，分析其发育规模和影响，提出处理的建议（表2-1）。

一些需要调查的地质对象列举　　　　　表 2-1

大类	需要列举或列表说明的对象	描写
地貌	沟谷、洼地、陡坎、斜坡、漏斗、岩堆、阶地、夷平面、坡积裙、沙地等	基本特征、稳定性、影响分析
地质构造	向斜、背斜、断层；岩体产状及裂隙统计	
地层岩性	特殊土类、第四系分布、不同地层或岩性	
水文地质	井、泉、河谷及沟谷流水、沼泽、湖泊、水塘等	
人类工程活动	水库、房屋、高速公路、弃渣场、挡土墙等	
不良地质	滑坡、崩塌、泥石流、地裂缝、地面塌陷、溶洞、大型溶槽	

注：地质调查的基本要点参见第 1 篇内容。

其实大家都知道该这么做，但执行起来却很困难，如果不加强说明，将之纳入必备程序，新时代的许多评估者可能就不会形成现场调查的习惯，拿着地形图就开始绘制剖面、编制报告，偶尔到现场去拍摄几张照片，对实地沟谷、洼地、沼泽、软土等都不想关注。记得以往云南省在地质灾害危险性评估报告的评审时，是需提供现场调查记录的，每一个工程子项目、每一种岩性、每一种地貌和其他地质体，都需有一定的调查记录，这是值得推荐的。

3. 工程地质岩组的划分

岩土体的基本特征是产生地质灾害、工程建设实用和适宜性评估最重要的因素。场地的岩性特征复杂多样时，工程地质岩组主要按软硬和破碎程度分类，若场地岩组类型较少时，尚可以进一步分区，比如按岩溶、成因及软硬岩组合情况等。表 2-2 仅是一些参考示例，未包括全部的岩组类型。

岩组划分示例及其代表岩性　　　　　表 2-2

岩组举例	包含岩性
第四系特殊土类岩组	膨胀土、软土、淤泥、软流及流塑状黏性土
第四系松散岩一般岩组	第四系土层，如黏土、砂卵砾石、碎石土等
软岩或碎裂岩岩组	煤层、炭质页岩、泥岩、断层破碎带等
中厚层状软硬互层状岩组	砂岩、粉砂岩、泥岩、页岩等互层、夹层或旋回
厚层状碳酸盐岩岩组	石灰岩、白云岩等
整体状火山岩岩组	花岗岩等

4. 地质灾害危险性等级划分

（1）地质岩组的进一步分类

必要时，按工程特性和可能产生的地质问题，对岩组进一步整理，以达到便于归类评估的目的。该部分整理的过程大多只是一个概念性的思路，不必照搬模式，也不必述之于报告中。比如按表 2-3 的思路进行重新归类。

地质岩组按灾害发生可能性的概念性整理

表 2-3

类型	主要岩体类型
A类:开挖边坡不容易产生滑塌	整体性好、风化程度低的花岗岩;层面闭合或胶结良好的灰岩或砂岩
B类:开挖边坡较容易产生滑塌	较破碎岩体;层面不闭合、泥质充填或碎屑充填的岩体;夹软质岩岩体
C类:开挖边坡容易产生滑塌	破碎、松散岩体;层面不闭合或有泥化夹层的顺层边坡

（2）按地形调整后亚类划分

除了岩体特征之外，地形特征是地质灾害产生的另一核心因素。地形特征包括地形坡度和场地整平开挖的高度。

一般情况，地形坡度按地质灾害发生可能性划分为三个等级：简单（坡度小于 8°）、中等（坡度 8°～25°）、复杂（坡度大于 25°）。开挖高度也可分为三个等级：低（小于 5m）、中（5～15m）、高（大于 15m）。

但具体情况下，针对不同的岩体特征，可能不完全按以上三个地形特征等级来考量，岩体特征很差的，应降低一些标准，岩体很好的可适当提高标准。

地质灾害发生可能性按地形特征调整后的结果，参见表 2-4。

灾害发生可能性按岩性和地形特征的概念性整理

表 2-4

岩体类型	地形特征	亚类的进一步划分
A类（完整硬质岩）	坡度大于 60°且高度大于 30m	A_I
	坡度 45°～60°或开挖高度 15～30m	A_{II}
	地形坡度小于 45°或开挖高度小于 15m	A_{III}
B类（较破碎或较软且无外倾张开裂隙和软弱结构面）	坡度大于 45°且高度大于 15m	B_I
	坡度 25°～45°或开挖高度 5～15m	B_{II}
	地形坡度小于 25°或开挖高度小于 5m	B_{III}
C类（破碎、松散、顺层、填方）	坡度大于 25°且高度大于 5m	C_I
	坡度 8°～25°或开挖高度 3～5m	C_{II}
	地形坡度小于 8°或开挖高度小于 3m	C_{III}

A_I、B_I、C_I 三个亚类，仅取下标（Ⅰ）表示，即为初定的危险性大区；

A_{II}、B_{II}、C_{II} 三个亚类，仅取下标（Ⅱ）表示，即为初定的危险性中等区；

A_{III}、B_{III}、C_{III} 三个亚类，仅取下标（Ⅲ）表示，即为初定的危险性小区。

如果不想提供更细致的工作，本阶段的基本分区就算完成了。但为了方便建设单位使用，建议进一步按重要因素划分亚类，如危险性大（Ⅰ）区，可进一步划分：

顺层岩质边坡为主要问题的区域，划分为 I_1 亚区；

长期受地下水浸湿、地下水影响较大的区域，划分为 I_2 亚区；

特殊土、松软土、膨胀土等分布区域，划分为 I_2 亚区；

......

亚类的划分，尤其是（Ⅰ）区的进一步划分，往往使评估报告更具有指导意义，问题更突显，更容易提出针对性的处理建议，也容易让建设单位理解和把握地质风险，进行合理的下一步工作和投资预算。所以亚区的划分，看起来可有可无，实际能使评估报告的现实意义提升一级。

（3）不良地质和地质灾害发育程度

在上述分区的基础上，根据不良地质和地质灾害发育程度进一步调整，初定的危险性大（Ⅰ）区可另行区分亚区；初定的危险性中等（Ⅱ）区根据影响可调整为危险性大区；初定的危险性小（Ⅲ）区可调整为大区或中等区。

不良地质作用诸如软土、溶洞等，虽然发育程度高，但通常在勘察论证后，采用深基础形式可有效规避不良地质的影响，一般可不依此划分为危险性大区，但发育程度较高时，至少应划分为危险性中等区。洪水威胁区应划为危险性中等区或大区。

滑坡、泥石流和破坏性冲沟影响区内，应划分为危险性大（Ⅰ）区（表2-5）。

滑坡、破坏性冲沟发育程度的参考标准 表2-5

类型	参考标准
滑坡	在某顺层、破碎或松散岩土体分布区域内，是否具有每隔一定距离就有滑坡、坍塌或人工开挖面的垮塌、地面变形、挡土墙等现象，其分布区域和影响范围达到一定的面积比例（比如超过30％确定为发育程度高）
破坏性冲沟	某区域的沟谷两岸破碎、松散岩土发育，下游沟底和沟口具有新近堆积物

（4）危险性分区的最终确定

危险性分区的最终确定是根据危害对象来调整分区，比如：

无工程活动和人类集中活动的区域，初定的危险性大（Ⅰ）区，可降为中等区；

危险性中等（Ⅱ）区和危险性小（Ⅲ）区边坡坡顶附近有其他可能受威胁的工程项目时，应升为危险性大（Ⅰ）区。

5. 治理方案建议

危险性大（Ⅰ）区，应根据地质条件和主要控制因素等提出针对性的处理建议，比如顺层边坡应建议放坡处理、松散岩土应建议进行抗滑桩或挡土墙支挡，有地下水影响时，提出地下水控制的建议。处理措施应考虑是否具备放坡条件，考虑坡顶以上人类工程活动、地形及岩土特征等因素，比如坡顶以上仍然是很高的斜坡，是临界稳定的顺层坡或松散岩土体，边坡较低时应以支护为主，边坡高大时，支护和放坡难度都很大，可以建议尽量避免大挖大填。

危险性中等（Ⅱ）区，至少应提出一种处理建议，比如监测、巡视等也算是一种处理方式。

6. 结语

可能有人认为地质灾害评估时以地质灾害为主导，但本文是以环境地质条件为主导，将地质灾害纳入其中，只当一个附加考虑因素，旨在建议大家重视地质条件的调查研究，注意地质灾害产生的因素分析，而不只是关注"是否有滑坡"等外在的现象，因素分析才是地质灾害评估和处理建议的分析要点。

练习题：

1. 地质调查应坚持什么原则？
2. 有人认为没有负面影响的地质因素不需要调查，你怎么看？
3. 什么分析是地质灾害评估和处理建议的分析要点？

第 3 篇　岩土工程勘察的基本方法

1. 概论

有些勘察报告遇到断层便说"可能对场地产生影响"，遇到砂土便说"可能产生液化"，遇到附近的地表水体便说"可能对基坑施工造成影响"。此类评估或预测，主要在地质灾害评估阶段使用。详勘工作的基本特点是资料翔实、数据充分、结论有理有据，切忌在情况未明、结论难以意料时就草草提交勘察报告、不再进行细致的外业工作。比如断层的影响，我们应在断层出露带实测断层破碎带宽度，调查断层破碎带特征，进行破碎带的钻探和静载试验，活断层尚需调查和分析其活动特点，通过破碎带的承载能力和变形特征分析断层的影响，提出合理建议；比如砂土液化，我们应按规范调查分析其时代特征，进行颗粒分析，实测地下水位和覆土厚度，初判为液化土时，应采用标贯等手段进一步确定其液化等级，提出液化处理建议。

因业务范畴影响而尚未查清的复杂地质情况，均应在详勘报告中初步评估是否可能对场地造成危害，可能对场地造成危害或结果难以意料（即不排除危害可能）时，应提出进行专项勘察，进一步分析论证的建议。专项勘察报告应与建筑地基的勘察报告一起，作为设计的必备文件和办理相关证件的必备文件，不应单独使用建筑地基的勘察报告。

2. 勘察对象的分析研究

重视地质内容的调查分析和勘探试验，而轻视勘察对象的分析研究，或者在设计单位不配合的情况下，不愿意去了解勘察对象的基本特征，可能导致勘察深度达不到设计需要，没有对设计需要的参数进行针对性的试验等，有时设计即便能进行一些经验取值，也可能存在过于保守或偏于不安全等问题。

勘察对象的分析研究是详勘技术工作的首要任务。勘察对象的一些重要特征列举如下：

（1）场地整平标高

对于一般建筑工程而言，首先要知道开挖面的标高。基础埋深、有效钻探深度和持力层均应从开挖面起算，开挖深度也是应考虑回弹和再压缩等地基变形问题的基础，不仅如此，各开挖面东、南、西、北等各方向的临近段标高，其他建筑工程和地貌情况等还是地质风险分析的重要依据，其中挖、填边坡的风险问题是山区最常见的工程地质问题，其边坡高度就是由场地整平标高决定的。

（2）基底荷载大小

同样的基础形式，基底荷载 200kPa 和 20000kPa，采用的持力层或基础埋置深度可能完全不同，轻型建筑往往可以采用浅层土为持力层；而高楼大厦基础往往需要埋置于较深、强度较高的稳定可靠的地层中，其勘探深度要求可能各不相同。不收集基底荷载情况，可能勘探达不到持力层或下卧层分析的标准，也可能导致选用的持力层不是经济可靠的。

（3）底层结构或基础布置情况

在岩溶地区，往往钻孔位置偏移 1m，岩面埋深和下伏溶洞发育情况就可能大相径庭，钻探严格要求布置于柱位或基础之下，稍加偏移便可能失去勘探意义。其他如地貌、地层变化较大的地方也同样要求按一柱一孔布孔查明详细的地质情况，所以底层结构或柱位图是详勘钻孔布置的基本依据，山区尤其如此。

（4）市政工程

市政工程的布置标高、施工工法等，对勘察内容可能有着特殊的要求，不收集到勘察对象的基本特征，就无法评价各段基槽开挖深度、宽度，对周边的房屋建筑和道路是否有影响，明挖边坡稳定性等，做出来的勘察报告就只是地层的陈述而已。

（5）线路工程的敷设标高

线路工程除了需要调查分析沿线岩土特征，针对各种特殊土和不良地质作用进行评价和提出处理建议之外，根据线路工程敷设标高，分析各段挖、填方边坡的稳定性也是线路工程的勘察重点。

（6）其他

其他如工程重要性，抗震设防类别等基本信息的不同，对勘察内容亦有不尽相同的要求，都是需要收集的内容。

3. 岩土特性的分析评价

设计最关心的岩土工程问题有地基的强度、变形性能、稳定性和其他不良地质现象等 4 个方面，其中有 3 个与岩土特性息息相关，所以岩土特性的分析在岩土工程勘察中具有举足轻重的地位。岩土特性的分析内容包括岩土基本特征鉴定、岩土的试验分析、承载力及其适用性的分析等方面，需要通过现场调查、鉴定、勘探、现场测试和室内试验、数据统计分析、承载力计算或按经验表格查取等工作获得。经验表格通常是在各种试验手段对比分析基础上获得的，其使用范围应在实践中不断积累认识和修订修改，在没有可靠经验印证的地区不应盲目参考使用。

（1）岩土的基本特征

主要为岩土的基本性状、物质组成，结构和构造特征，空间分布的均匀性或性质变化特征等，需分区域进行厚度统计。

（2）岩土的试验分析

试验分析包括室内分析和原位测试两种类别，试验分析的项目，除常规内容，尚应根据项目特点、地层特征、试验方法的适用性和设计需要进行针对性的分析。常规的室内分析包括黏性土的基本性状、非黏性土的颗粒分析、压缩特征、抗剪强度，其他特殊分析如受地下水影响时应进行渗透性分析、场地水和土的腐蚀性分析、初判有湿陷性或膨胀性时补充湿陷性和膨胀性分析等。当难以取得原状土样时，应以现场原位测试为主。部分情况下推荐的测试列举见表3-1。

部分情况下推荐的原位测试　　　　　　　　　　　　　表3-1

现场情况	推荐测试内容
滑坡或边坡分布碎石类土层，缺少相关取值经验	原位大样（重度测试）
软土难于取原状土样	十字板剪切
砂土、粉土	标贯试验
10cm以下粒径的碎石土	动力触探试验，有地区经验时粒径可放宽
不含中风化块体的风化岩或残积土	
含大块径中风化硬质岩块的土层	波速测试
硬质岩的强风化层	
各种中风化岩石	

极软岩和硬质岩石的强风化层，理论上可以按碎石土类进行动力触探试验，但大量实践证明，其动力触探测试击数往往很高，但实际承载力静载试验结果并不理想，所以采用动力触探测试分析时，应具有地区经验方可使用。

波速是一种值得推广和进一步归纳分析的测试方法，适用于各类岩土体，波速本身能反映岩土层综合工程特性，现场岩体和完整岩石的波速比较还能确定岩体的破碎程度、风化程度等。

软土处理、深基础或附加荷载较大时，可进行固结试验，对于黏性土边坡，虽然规范要求采用固结抗剪强度指标，但许多新开挖边坡的坡面附近实际上卸载后是没有完全固结条件的，所以建议采用不固结的强度或采用固结与不固结二者的不利值进行设计。

（3）压缩参数的试验压力

由于地基变形牵涉的计算参数，如变形系数、变形模量，看起来很复杂，不容易理解，所以大多数人对地基变形就会觉得复杂而抽象。其实地基变形跟普通的物体变形是一样的，最简单的就是弹簧的变形，弹簧压缩变形就是在外力作用下产生的长度缩小，而地基变形就是在外力（附加压力）作用下产生的厚度缩小。

弹簧变形的公式就是胡克定律：$\Delta F = k \cdot \Delta x$，反推为 $\Delta x = \Delta F / k$；

地基变形的公式：$\Delta s = \Delta p / k$。当大面积受荷或试验室工况时，k 可以用 H/E_s 表示，H 为受压层厚度，E_s 为压缩模量。非大面积受荷时，上式需要适当折减（具体按规范）。

Δp 为基底附加荷载（如单柱荷载或条形基础底部附加荷载），一般由设计直接给出，但我们需要考虑的是基底的土体自重（γh），将公式写为：

$$\Delta p = (\Delta p + \gamma h) - \gamma h$$

这个公式清楚地表示：地基变形就是土体承受的重量由 γh 增大到 $\Delta p + \gamma h$ 后所产生的厚度减小值。

压缩系数和压缩模量是通过试验获得的，许多工程师迷茫的是压缩系数和压缩模量取哪个压力区间。回到上述公式，取的就是从 γh 到 $\Delta p + \gamma h$ 这个区间的压缩系数和压缩模量计算相应压力段的变形值。

（4）岩土的特殊性质评价

岩土的特殊性评价，需要进行针对性的调查和试验分析，确定其基本特征和具体的评价指标，其他工程特性和不良地质问题亦是如此。详勘报告应避免使用"可能产生液化，需要采取措施"之类泛泛而谈的语言，依据不充分，结论不明确，建议将无可行性。

以湿陷性黄土、膨胀土、盐渍土为例，需要进行如表 3-2 所示的专门性试验分析和评价，查明其工程影响，提出整治措施。

部分特殊性岩土的分析、评价和建议 表 3-2

岩土类型	分析指标	评价	建议
湿陷性土	湿陷系数、自重湿陷系数、湿陷起始压力	湿陷程度、类型及等级	桩基穿透、防水及处理
膨胀土	自由膨胀率、地基分级变形量	膨胀潜势、胀缩等级	防排水、考虑水平膨胀力
盐渍土	溶陷量、盐胀量	腐蚀等级	防腐、防排水、地基置换
填土	物质组成、密实度、固结情况	承载力、压缩均匀性	压实、桩基穿越

（5）承载力的评价

承载力的确定，采用静载试验是最直接的方式，重要项目均需进行静载试验，浅基础采用浅层平板载荷试验、桩基础采用桩基竖向静载试验。不重要的项目可以在地区经验或理论公式的基础上，通过室内试验和原位测试的方法，间接计算或查取地基承载力。

承载力评价主要是评价各地层的可用性，通过各地层的强度对比、基底荷载大小两方面来进行评价，在一定深度范围内存在强度高、性质稳定的地层，其他地层相对较差时，该地层应考虑为持力层，以此确定合理的基础方案。存在多种可用的地层时，可提供多种可选的持力层或基础形式，但勘察报告应指出勘察单位认为最合理的推荐方案。

4. 地基的分析评价

地基分析评价与岩土分析评价的不同点：岩土分析评价是针对单一岩土层，地基的分析评价是针对整个地基土层或持力层以下土层进行分析。地基评价主要包括地基稳定性和均匀性两个方面。

（1）地基稳定性

在倾斜地层、岩溶地区和地形不平整的山区，地基往往存在诸多不稳定的问题，这些影响单个基础、部分基础或部分建筑的稳定性问题，属于地基稳定性分析的范畴：

①在大型填方边坡的顶部进行建设时，应分析填方边坡变形及破坏的可能性，确定地基稳定性，提出整治方案的建议。

②在挖方边坡顶部进行建设时，应将基础埋置于坡脚以下，否则应分析边坡变形对基础和建筑物的影响，还应对边坡岩土体进行妥善保护，边坡岩土体容易风化或变形，所以其建筑物的使用寿命也相对较低，当地震、地下水、卸荷作用对边坡造成破坏时，其建筑物安全性应重新论证。

③除天然临空面及人工开挖的临空之外，岩溶洞隙、溶槽等也可能形成临空面，威胁地基的稳定性，此时需要进行详尽的勘察工作，查明岩溶具体发育特征，进行稳定性分析评价。

④河谷、坑道填土后，因填土松散不足以阻碍附近岩石地基的变形，附近岩体仍需按有临空面的地基进行复核计算。

（2）地基均匀性

各岩土层的厚度和性质的变化情况，是地基均匀性评价主要考虑的两个因素。地勘报告应提供各岩土层的变形计算参数，尽量避免采用不均匀的岩土层作为持力层，当持力层和下卧层的分布或性质不均匀时，应建议进行变形计算和提出建议的处理措施。尤其注意软土、红黏土、欠固结土等孔隙比较大的土层和下伏岩面起伏较大的浅部土层压缩性的评价。

对需要进行地基处理的场地，应针对处理措施进行边界条件的调查和试验分析，提供设计需要的参数和边界条件。

5. 环境及场地的评价

地基评价主要是针对基础，场地评价则是针对场地的主要问题，可能影响单个或大部分基础。地基稳定和场地稳定性评价可能有重复的内容，若前面已经评价过的内容，后面可以引用并简单阐述即可。场地评价主要着眼于以下内容：

（1）地下水的相关问题

①抗浮水位的论证

常规情况，规范要求观测的水位均是以场区大面积存在的统一潜水面为准，暴雨季节产生的岩溶管道水、局部滞水、地表临时性洪水灌入等具有难以预测的特征，也未在规范的规定之列，针对该类型的地下水，勘察期间难以查明具体情况，但有可能造成较大危害，需采取概念性防范措施，勘察报告也需根据可能发生的情况，建议进行地层防渗处理或疏排水。若无概念性防范措施时，应该利用最不利的"盆池效应"进行抗浮设计。

②腐蚀性评价

任何工程地质的研究，除应满足规范之外，还应以查清其可能危害为准则，在腐蚀性评价方面，规范并未对土样作具体要求，并不是说随便采取两件土样便可，对场地的主要土层、可能产生腐蚀作用的土层和地下水均需取样进行分析。与普通土层相比，腐殖土、污染土、颜色和成分特殊的土类可能更具有腐蚀性潜质，对于矿渣堆积区和污水处理厂等项目的勘察，除应判断原生天然土层的腐蚀性之外，尚应建议按堆积物和污水成分调整腐蚀性等级。

③地下水对施工的影响

地下水潜水面或承压水水头标高大于或在基坑及孔桩底部附近时，应分析不采取相关措施时可能造成的基坑和孔桩事故，提出对地下水控制的建议，计算孔桩或基坑的涌水量，为地下水抽排工艺提供参考。

（2）地震效应

①基本烈度和动参数

勘察报告需要提供地震基本烈度和动参数，作为设计计算岩土压力和结构荷载的地震依据。按照现行国家标准《建筑边坡工程技术规范》GB 50330 的规定，基本烈度为 7 度及其以上的地区，永久性边坡均需考虑地震工况的稳定性，设计时也需考虑地震作用力产生的附加荷载。

②场地类别

场地类别是确定场地特征周期的基本依据之一，除了不超过 10 层的部分建筑之外，均需实测剪切波速度，确定土的类型和场地类别。在规范术语中，场地是指"工程群体所在地，具有相似的反应谱特征。其范围相当于工厂区、居民小区和自然村或不小于 $1km^2$ 的平面面积"，在广大的平原地区，这个概念没问题，但在山区，覆盖层厚度变化较大，也容易挖除，全岩石地基按周边的土质场地考虑好像并没道理。虽然存在一定的争议性，但笔者认为按某结构单体及其周围一定范围（如 5m 或 10m 范围）内的最不利情况确定场地类别是合理的。

③建筑抗震地段

建筑地段的划分，按规范条文说明，主要考虑的是软土、液化土等在地震作用下产生塌陷或流塑作用导致地基失效；位于边坡上部的地基在地震波作用下产生的应变力影响、边坡变形、破坏或震动效应导致的地震作用增加等因素。除了危险地段考虑泥石流、滑坡等环境因素之外，主要是从地基的稳定性角度来考虑的，所以高边坡下部的场地是否应划分为不利地段便存在较大的争议。

但笔者认为既然是场地的评价，就不能局限于地基的破坏，应以是否影响场地运营为原则，附近存在稳定性较差的高边坡时，可划分为不利地段。不利地段的建设原则是"应提出避让要求，无法避让时应采取有效的措施"，这跟高边坡的设计原则是相同的，一般情况，应避免大挖大填，存在高大的挖、填边坡时，采取有效的支挡或放坡措施也是理所当然。

④砂土及粉土的液化和软土震陷

砂土液化分为初判和复判两阶段，满足表3-3时初判为不考虑液化影响，不需再进行复判；不满足表3-3时初判不能确定为"可不考虑液化影响"，应进行标贯测试，当标贯实测击数小于临界击数时，进一步计算液化等级，根据相应的液化等级提出处理措施的建议。

初判可不考虑液化影响（满足其一即可）　　　　　　　　　　　表3-3

因素		不考虑液化影响的条件
地层时代		Q_3及更老地层时,地震基本烈度不超过8度
粉土的黏粒含量	7度区	粉土的黏粒含量不小于10%
	8度区	粉土的黏粒含量不小于13%
	9度区	粉土的黏粒含量不小于16%
上覆非液化土层厚度d_u（从基底或2m处往下起算）	7度区	覆土厚度:砂土大于5m,粉土大于4m
	8度区	覆土厚度:砂土大于6m,粉土大于5m
	9度区	覆土厚度:砂土大于7m,粉土大于6m
地下水位埋深d_w（从基底或2m处往下起算）	7度区	水位埋深:砂土大于4m,粉土大于3m
	8度区	水位埋深:砂土大于5m,粉土大于4m
	9度区	水位埋深:砂土大于6m,粉土大于5m
覆土与水位埋深平均值（从基底或2m处往下起算）$(d_u+d_w)/2$	7度区	平均值:砂土大于3m、粉土大于2.25m
	8度区	平均值:砂土大于3.75m、粉土大于3m
	9度区	平均值:砂土大于4.5m、粉土大于3.75m

根据《岩土工程勘察规范》GB 50021，满足表3-4时，可不考虑软土震陷影响，否则应提出处理的建议。设计单位宜根据设计规范，按满足表3-5判断为震陷性软土时，应采取桩基穿越或其他处理措施。当不满足表3-4和表3-5时，不排除产生软土震陷的可能，可进行一些概念性处理或防范，比如遇换填作业时，可适当提高施工控制质量和换填深度。

软土震陷判断的临界承载力特征值和等效剪切波速　　　　　　表3-4

抗震设防烈度	7度	8度	9度
承载力特征值f_a(kPa)	>80	>100	>120
等效剪切波速v_{sr}(m/s)	>90	>140	>200

震陷性软土　　　　　　表3-5

抗震设防烈度	土层特征
8度(0.3g)或9度	$I_p<15$、$I_L\geq0.75$、天然含水率$W_s\geq0.9W_L$

（3）不良地质的影响概述

不良地质的影响应包括一切可预知的地质风险，应按如下原则进行评价：当我们已掌握具体特征，满足评价要求的，均应在勘察报告中进行详细评价；当建设单位未对勘察单位进行相关委托，我们未掌握具体特征信息时，应在勘察报告中指出该风险可能存在并影响拟建物的施工或使用，提出专项勘察的建议。

（4）地壳稳定性、地震及地质构造

根据地壳活动性、地震烈度、活断层和普通地质构造的影响进行评价，可根据实际情况进行稳定性划分：地壳活动强烈，断裂构造剧烈的地区为不稳定；地壳活动强烈，但未处于断裂带时为相对稳定地带；地区活动不强烈的地区为较稳定，其中具有普通断裂影响的区域应采取局部勘察加密，进行单独的试验分析等措施；我国东部覆盖层较厚的地壳下降区可划分为稳定区。

6. 基坑或边坡的工作要点

基坑和边坡的勘探要点，总结起来就是要明确其规模、范围和危害等级，布置勘探和测试工作，查明其岩土特征、合理选用计算参数进行稳定性分析计算，针对存在问题的边坡提出预防或治理建议。

（1）调查基本特征

边坡的分布：分析边坡的延展范围，确定边坡的规模或宽度。

边坡的高度：收集相关资料，确定边坡上部开挖标高、下部开挖标高，无开挖时调查原始地面标高，确定边坡高度。

周边的建设项目或征地红线：坡顶影响区内是否存在建设项目，边坡征地红线是否允许放坡处理。

确定边坡安全等级：预估边坡坍塌规模，根据拟建场地的使用功能预测可能造成的经济损失或人员伤亡。凡可能造成拟建物损坏或人员伤亡时，至少应定级为二级边坡；其损坏难以修复或人员伤亡可达3人以上时，应定为一级边坡。

（2）勘探点的布置

边坡的勘探范围：土质边坡应达1.5倍坡高、岩质边坡应达1倍坡高，且应针对可能采取的支护结构形式布置钻孔，如当可能采用锚索支护时，应有钻孔查明锚固段地层特征；当采用抗滑桩支护时，抗滑桩所处位置应布置一排钻孔；当采用挡土墙支护时，应查明挡土墙地基持力层的基本特征。

勘探线和勘探点间距应参照规范进行合理布置，在边界条件和岩土性质变化较大的地区，勘探线应反应何种地质工况，如上方有建筑物的地方应布置勘探线、土层较厚或特殊岩土的地方应布置勘探线。

勘探线和勘探点的密度除能保证查明边坡最不利的地质条件之外，对于变化较大的边坡，对设计方案的优化和投资的节省也具有重要的意义。仅布置一条最不利的勘探线时，整个边坡只能按最不利的情况进行设计，采用最为复杂的支护形式；当勘探线密度较大时，就可以进行分段设计，地质条件较好的区段就可以简化支护形式，达到节省开支的目的。

（3）边坡的岩土特征

查明边坡岩土构成、绘制勘探剖面，是分析边坡破坏模式和进行边坡稳定性评价的基础，勘察报告应对每一段边坡分别阐述其各岩土层的主要特性、厚度、分布特征，开挖断面的稳定情况。

除了各岩土基本特征之外，其他调查和报告分析的重点还有：地下水对边坡的影响，尤其是土质边坡和泥质岩的夹层受潮之后抗剪强度大为减小，往往使边坡产生意料之中的意外滑动；岩质边坡的层面和裂隙特征。

（4）计算参数的分析和选用

针对各种工况进行试验分析，提出合理的计算参数。以便设计能针对各种工况进行设计计算、布置合理的治理方案，保证边坡在各种条件下的稳定性。

边坡计算最基础的参数是重度和抗剪强度（c、φ 值），这三个参数必须要精心试验、合理分析，不仅要满足规范，而且需复核实际情况，不可按程序性的试验、统计后就随意选用，而不跟现实情况相互印证。

（5）边坡稳定性计算

边坡稳定性计算，注意两个要点：第一，需要对各种工况的稳定性进行分析；第二，需要选用合理的计算方法。

勘察报告稳定性计算的目的就是评价其是否稳定、是否需要进行支护处理，并根据其失稳工况和垮塌模式提出针对性支护建议。

（6）处理措施的建议

对总体稳定性满足规范要求的边坡，可采取坡面防护措施；对稳定性差的边坡应进行放坡或支护处理。具有放坡条件时，优先采用放坡处理，地质条件较差时采用放坡结合支护的处理措施；坡顶有重要建筑物时，优先采用抗滑桩支护；地基条件较好且无需进行变形严格控制时，可采用挡土墙支护。

7. 其他工程问题的地质分析

不同的工程种类，总有不同的特点，我们进行勘察对象的研究，不仅是布置勘探工作量的需要，对特殊的工程，也需要针对其特点进行分析和建议。下面列举一些特殊的工程项目：

（1）线状工程

根据地质条件、环境条件、工程挖填方边坡特征分段进行说明，分析可能存在的工程地质问题及边坡稳定性，提出处理建议。

（2）垃圾场、尾矿坝等

根据坝址区地形地貌特征、岩土工程特征、地层渗透性分析渗透性和坝基的稳定性，提出整治建议，提供合理的坝基埋深建议。

（3）隧道

根据地质条件和岩土特征进行围岩分类，指出坍塌、崩落、涌水等的可能性，针对各类围岩提出针对性的支护建议。

8. 专项勘察

对可能影响工程安全的岩溶、滑坡、泥石流、软土等不良地质问题，可以在详勘过程中补充勘探工作量、增加分析章节，也可以另行进行专项勘察。对情况复杂、影响显著，需要进行专项论证的地质问题，宜进行专项勘察。

需要注意的是，地质问题的种类和分析内容应**满足规范要求，但不限于规范的要求，可能发生、能够预见的一切地质和环境问题，勘察报告均应加以说明、提出预防建议。**有些地方规范存在如下的类似条文："基坑地下水位不考虑施工过程中产生的上层滞水、大气降水和临近场地的建设影响等因素"，规范中不应作这样的条文规定，施工单位制造的突发性事件可以不考虑为地勘的责任，但如果能够预见而故意不告知那就十分荒谬了。临时水位、动水位和长期的稳定水位都可能对工程造成危害，只是我们的处理方法可能不一致罢了，如果规范只要求观测稳定水位，但临时水位可能造成影响，我们也是需要关注的，不限于规范的规定。

练习题：
详勘工作的基本特点是什么？什么是详勘技术工作的首要任务？

第4篇　某强风化粉砂岩及残积土的测试分析

大多数地区，因为没有巨厚的强风化地层，要么使用土层为主要受力层，要么采用强度较好的中风化基岩为持力层，所以对强风化地层的承载力研究并不多。强风化地层难以采取原状样，不易获得室内力学试验数据，动力触探和标准贯入试验测试又缺少依据，所以强风化岩层承载力的确定，是勘察中的盲点和难点。

近年来笔者有幸参与一些强风化地基的岩土工程勘察，对其基本特征做过一些工作，一些试验和计算可能不是完全充分的论证，撰此篇供同行参考。

1. 岩土特征

场地位于滇中地区，属于一套以浅变质的粉砂岩为主的岩系。由于区域构造稳定性较差，岩体破碎，加之阳光暴晒率高，温度和湿度相对较大，岩体风化严重，某场地区域地表以下50m未见中风化地层，各岩土层基本特征如下。

素填土：灰褐色，属于残积土翻挖堆填，结构稍密，物质组成参见残积土，堆填时间约5年，自重固结基本完成。

残积土（粉质黏土）：黄褐色，40％为全风化粉砂岩团块，其余60％完全风化为土状，勘察单位野外定名为硬塑粉质黏土，颗粒分析则显示其粉粒含量较高（表4-1）。

粉质黏土主要指标　　表4-1

重度 (kN/m³)	孔隙比	液性指数	压缩系数 a_{1-2}(MPa^{-1})	压缩模量 E_{s1-2}(MPa)	抗剪指标		砂砾含量	粉粒含量	黏粒含量
					φ_k(°)	c_k(kPa)			
19.7	0.76	0.13	0.2	8.3	10.3	39.7	0.26	0.37	0.37

强风化粉砂岩：灰褐色，原岩构造为中厚层状，具变质作用，大部分原岩结构破坏，岩质软，岩芯手可折断，岩体铁锹可挖。局部夹少许强度较高的变质石英砂岩。

2. 基桩静载试验

施工期间，建设单位进行了基桩静载试验，试验成果见表4-2。

基桩静载试验成果 表 4-2

试验桩号	桩长(m)	桩径(m)	各土层厚度(m)			荷载及对应的沉降			
			素填土	粉质黏土	强风化粉砂岩	荷载(kN)	沉降(mm)	荷载(kN)	沉降(mm)
1	21.5	0.8	6	6.7	8.8	11500	24.84	12000	83.2
2	18	0.8	2.8	4	11.2	11000	25.98	11500	81.1
3	19.6	0.8	0	18.3	1.3	9500	26.66	10000	87.51
4	12.5	0.8	0	5.6	6.9	7360	30.77	7860	83.41
5	12.6	0.8	2.6	10		5760	24.28	6260	70.08

根据规范，桩顶沉降大于前一级荷载下沉降量的 2 倍或总沉降达 60～80mm，可认为已破坏或超过极限承载状态，取前一级荷载作为极限承载荷载。

理论上，破坏后的 5 个基桩，可以建立 5 个方程，求解素填土的侧摩阻力、粉质黏土的侧摩阻力和端阻力、强风化粉砂岩的侧摩阻力和端阻力等 5 个参数。但实际上，与 1～3 号桩相比，4 号桩和 5 号桩桩长较短，侧摩阻力和端阻力的发挥情况不一致，抑或是 4 号桩本身的岩质强度较高，所以联解方程获得的各岩土层参数存在较大的不合理性。所以舍弃 4 号桩的数据，仅采用 1～3 号桩进行试算，当各岩土层数据如下时，计算结果与试验成果吻合。

素填土：极限侧摩阻力 $q_{s1k}=121$kPa；

粉质黏土：极限侧摩阻力 $q_{s2k}=162$kPa；

强风化粉砂岩：极限侧摩阻力 $q_{s3k}=260$kPa；极限端阻力 $q_{p3k}=2400$kPa。

将上述数据代入 5 号桩，求得粉质黏土极限端阻力：$q_{p2k}=1800$kPa。

强风化粉砂岩的承载力按公式：$q_{p3k}=f_{a3k}+4.4\gamma_m(d-0.5)$，估算得 $f_{a3k}=460～780$kPa。因粉质黏土含较多风化团块时，深度修正系数取值可能具有一定不确定性，本处按 4.4 取值计算，其结果仅供参考。

3. 其他测试的对比

现场勘察单位进行了动力触探、剪切波等一些原位测试，对比分析见表 4-3。

各土层测试成果与承载力 表 4-3

土层	素填土	残积粉质黏土	强风化粉砂岩
剪切波范围值(m/s)	196～214	259～277	295～314
剪切波平均值(m/s)	203.1	267.5	305.5
动力触探 $N_{63.5}$(击/10cm)			60～90
单孔声波测试(m/s)			1308～1860
极限侧摩阻力(kPa)	121	162	260
极限端阻力(kPa)		1800	2400
承载力特征值(kPa)		220(地勘计算值)	500

4. 结论及建议

（1）动力触探确定强风化地层承载力的讨论

一贯以来，许多单位或工程师普遍认为强风化地层按碎石土考虑，属保守取值，有利于工程安全，采用动力触探测试，按碎石土的经验查表评价其承载力不会产生工程风险。在地区经验中，普通碎石土和砂土当 $N_{63.5}=15$ 击/10cm 时，实际承载力已经大于 500kPa，而该强风化地层 $N_{63.5}>60$ 击/10cm，承载力特征值仅为 500kPa 左右。本文以实例证明**动力触探对强风化地层的承载力判断是缺少依据的**。

（2）剪切波与地基承载力的讨论

理论上，当物质组成一致时，剪切波的大小与承载力特征值的大小呈正相关的关系，但岩土层的物质组成不一致时，二者没有明确的比例关系，不建议直接按剪切波的比例关系估算承载能力。本篇中剪切波速度与承载能力（地基强度）的关系，对于某种较为均值的强风化粉砂岩及其上覆残积土可参考，不建议照搬于土石混杂、裂隙性风化（非整体深度风化）、存在明显不均匀风化或含较多中风化硬块体的地层。

（3）运用建议

采用动力触探、波速等原位测试，通过前人经验查表获取承载力的方法，仅适用于特定物质组成的岩土层，存在一定的地区性。在没有丰富的对比数据作为经验基础时，应采用静载试验进行验证。

5. 动力触探试验适用范畴的探讨

岩土性质和参数取值需要有理有据，对于碎石土、全风化和强风化岩层来说，取样进行室内分析可操作性低、可靠性也低，通过现场触探或测试来间接感知岩土层的基本强度是一种简便的方法，动力触探作为一种经济实惠的测试方法，给地勘单位确定岩土特性提供了一条依据，于是便推广了起来。但现实是残酷的，实际工程中，动力触探测试在许多地层中获得的数值高得离谱，新近堆填的松散碎石土的重型动力触探试验击数居然达到 30 击/10cm 以上，一些强风化层动力触探击数达到 80 击/10cm 以上，实际承载力却只有 500kPa 左右。理论上，测试数据是可以确定密实度和承载力高低的，但实际测试数据与承载力特征值产生了不协调的情况，一些勘察单位为了得出合理的结论，就进行原始数据的篡改，看起来符合理论依据、结论也合情合理，但其实这是一种与实际不符的违规操作。

现行国家标准《岩土工程勘察规范》GB 50021 对重型动力触探的适用范围作了规定：平均粒径不大于 5cm、最大粒径不大于 10cm。实际上在山区填土中，几乎找不到最大粒径不超过 10cm 的填土，而规范未对超重型动力触探进行限制，但实际上超重型动力触探测试也不是万能的。一些专家和学者认为，强风化地层力学强度比碎石土好，所以强风化按碎石土进行动力触探试验来查取承载力是偏于保守的，事实也并非如此。

所以，大部分碎石土和块石土按规范进行动力触探测试分析密实度和查取承载力是不可取的，重型动力触探的试验条件应满足规范的要求，超重型动力触探应限于有经验的地区使用，没有经验总结的地区，应采用多种方法测试、互相印证，通过试验对比，总结出相关的工程经验后方可单独使用。

在无相关经验的地区，应在颗粒分析的基础上，先查清其物质组成情况，再采用瑞雷波、剪切波、干密度、孔隙比和静载试验等综合测试方法进行分析研究。

第 5 篇　抗震有关一些问题

1. 概述

地震的影响主要是从平原地区的地震效应总结而来的经验，考虑的是地基在地震作用下的物理力学性质变化。包括软土震陷、砂土液化、坍塌等作用。现行国家标准《建筑抗震设计规范》GB 50011 在平原地区具有较好的适用性，但在山区却存在一些争议。

2. 地震动参数

《建筑抗震设计规范》GB 50011—2010 中第 3.2.4 条规定，我国主要城镇（县级及县级以上城镇）中心地区抗震设防烈度、设计基本地震加速度值和所属的设计地震分组，可按规范附录 A。

该规范所列地震动参数，仅指原县城中心地区的城镇，不是本县全境的地震动参数，一些县城不断发展扩大，中心地区的乡镇已不止一个，地震动参数也不能再按这个附录 A 来统一确定了，各乡镇或街道办的地震动参数应以现行版《中国地震动参数区划图》为准。

3. 覆盖层厚度的确定

现行规范中场地的定义为：工程群体所在地，具有相似的反应谱特征。其范围相当于工厂、居民小区和自然村或不小于 $1.0km^2$ 的平面面积。

在平原地区，一般的建筑挖填活动对覆盖层影响不大，所以从原地面起算即可，如图 5-1 所示；但山区覆盖层厚度变化大，场地挖填活动影响大，如图 5-2 所示。

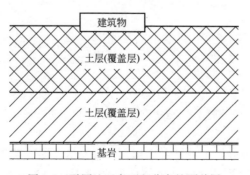

图 5-1　平原地区大面积分布的覆盖层

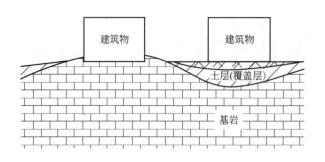

图 5-2 山区厚度变化较大的覆盖层

在山区，相邻的建筑物，其覆盖层厚度变化较大，一些建筑物下覆盖层厚度十数米，而有的建筑物下没有覆盖层，在确定山区覆盖层厚度时一些工程师"借鉴"平原地区的经验，忽略局部开挖对覆盖层厚度的影响，对一些建筑可能偏于不安全，对另外一些建筑物可能偏于保守，根据具体情况具体研究可能更好。

4. 建筑场地地段的划分

建筑场地地段的划分存在一些争议性，从《建筑抗震设计规范》GB 50011—2010 中第 4.1.1 条及其条文说明可知，主要是考虑地基土层的特性和是否可能产生地基塌陷等问题（图 5-3），关于周边、不影响地基稳定性的滑坡、边坡（图 5-4）是否考虑，存在一些争议。

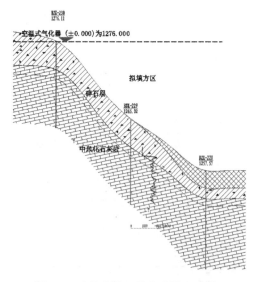

图 5-3 地基边坡（填方边坡上建设）

其实场地类别的划分，主要是考虑地震对地基的影响，确定场地的特征周期，但建筑场地地段的划分，主要是评价建筑地段的适宜性，不利地段需要回避或专门整

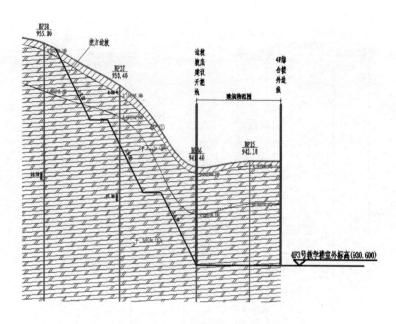

图 5-4 非地基的边坡（边坡下建设）

治，所以危害显著、影响建筑而需要整治的边坡、滑坡均建议考虑在内。

5. 岩溶场地的场地类别和场地地段

岩溶强发育区域，有人认为按覆盖层、有人认为按基岩，有人认为属不利地段，有人认为属有利地段，争议颇多。其实倒可以从岩土特征和地震影响的角度进行分析，如果是普遍的岩溶破碎带（图 5-5），直接按测试的剪切波资料划分覆盖层厚度就行了，如果是大型溶槽、溶洞（图 5-6），少量石芽或较薄和破碎的顶板，覆盖层厚度可以扣除剪切波速度大于 500m/s 的基岩部分。

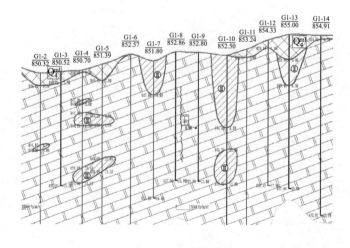

图 5-5 岩溶破碎带

33

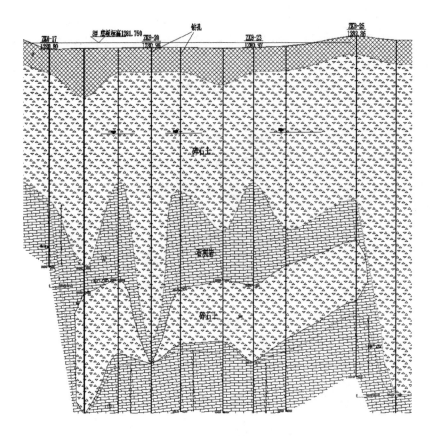

图 5-6　大型溶洞

至于场地地段的划分，则根据地基影响和坍塌的可能性进行具体评判即可。

第6篇 山区地下水的一些问题探讨

1. 概述

平坦场地的地下水位具有统一的潜水面，一直以来，人们比较关注补给丰富、贯通性较好、大面积分布的地下潜水位，在山区的局部地下水和临时性地下水等问题常常对人们产生困扰，勘察报告中也难以说清楚，出现假水位、临时水位、残留水等多种说法，不同的岩土工程专家也会产生意见分歧，一些勘察报告甚至故意回避其地下水问题。但近年来，临时性地下水造成的经济损失案例不断发生，各种官司也陆续出现，有必要对山区的地下水问题进行一些研究和探讨。

2. 岩溶潜水带

岩溶潜水带一般发育于较为平坦的场地、没有低洼的集中排泄区域，基岩较破碎或破碎，岩溶作用发育，地下水具有普遍的连通性，形成互相连通的大型储水区域。附近有地表水体时，水位与地表水体较为统一；附近无地表水体而靠降水补给时，大面积内水位随降水而变化。

贵安新区的同济医院就是一个后期形成的大型岩溶潜水带，2017年勘察过程中，20m以下均为干孔，无地下水分布，但2020年至今，因附近人工河的开通，场地区域形成潜水面，由上游向下游、由人工河向外围区域具有一定的水力坡度，潜水的形成对地下室造成了大面积的破坏，处理费用达1000万元以上。

3. 岩溶管道水

未来方舟G1区24号楼位于半山腰，场地周边没有井、泉、水塘等地表水体发育，勘察时，某些钻孔钻探至10余米，钻孔内地下水向孔口喷射而出，水头高出地面约5m（超过钻机机塔），持续5h后水头开始降低，12h后水头降至孔口以下，并迅速下降至疏干。孔桩浇筑过程中，漏浆严重，某些桩的混凝土用量增加3倍。建筑物施工完毕至营运8年，未出现任何问题。

岩溶管道水的主要特点是分布于岩溶通道、没有大面积的潜水面、水位在侵蚀基准面以上一定高度，局部封闭的岩溶空间具有较大的承压水头，大型而不断流的叫地下暗河，其特点与河谷类似。

4. 局部滞水

局部滞留水的基本特点与池塘水类似，就是局部储存没有流动性，即没有流动和排泄通道，附近没有出现地下水或二者无水力联系，常见的局部滞水形式有局部软土、淤泥区域，局部池塘或沼泽。局部滞水水量有限，容易疏干，根据工程影响进行分析和评价，有些仅为局部软土处理即可，而一些在施工前期就能轻易疏干而不影响施工和拟建物运营时，称之为"假水位"而不予研究也是可以的。

5. 顺地形变化的地下水位

上述局部滞留水往往指没有连续补给的"死水"，那么此处所说的地形水，则是具有连续补给的地下水，其分布于浅部（第四系或浅部风化带），随着地形的变化由上而下水位变化较大，甚至出现"瀑布型"水位陡降区。

贵州省龙里县某些区域就大量分布该类型地下水，某场地东侧分布一条小溪，小溪西侧的场地开挖标高分别比小溪高 5m、10m，各开挖平台开挖后，平台上各处均有地下水渗水形成局部"池塘"。

图 6-1 就是地下水位沿地形变化的情况，未开挖前原水位沿地形逐渐降低，地下室开挖后，进行详勘工作，详勘观测到地下水位均在地下室底板附近，但地下室建成后回填至±0.000 标高附近，地下水位将恢复至一定高度，对地下室产生浮托作用，需要采取排水或抗浮设计。

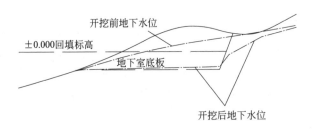

图 6-1　顺地形变化的地下水位

6. 盆池效应

盆池效应就是无排泄条件的封闭区域，在雨期或其他地表水灌入时，产生的局部积水，其积水可能为地表水，也可能为地下水形式存在。其水位受排泄条件的限制，地势较高的大面积填方区域，若填土为透水性较好的碎、块石，便难以形成盆池效应。

一些工程师认为地下室底板采用不透水的材料时，便不能形成盆池效应，这种说法是不正确的。采用隔水的底板，仅起到防潮的作用，不能起到抗浮作用，周边地下水或地表水入渗到低洼场地，将会对不透水的底板造成浮托作用。盆池效应不仅是指地下水渗入地下室内造成积水或淹没作用，主要是指地下水上涨造成地下室底板的破坏。

7. 结语

山区地下水的储水空间、水位分布和水面特点与平原地区可能具有较大区别，在进行水位鉴定的时候也存在较大争议。争论的焦点在于是否为统一的潜水面，其实我们只需详细说明其地下水的基本特点，不要当作大面积存在的统一潜水面便不存在争议了。比如岩溶管道水说明其分布范围和水位、地下水顺地形而变化等特征，谁还会说你这个是"假水位""不是稳定水位"？争议的原因不过是报告分析不够细、说明不清晰致使大家分别朝不同方向理解罢了。

练习题：

1. 岩溶潜水带与岩溶管道水有何区别？

2. 局部滞留水与顺地形变化的地下水有何区别？

3. 地下室底板仅采取防潮隔渗作用能有效防止盆池效应的危害吗？

第7篇　岩土工程中参数取舍统计的适用范畴[①]

本篇对岩土工程参数统计的适用范畴进行了探讨，尤其是在异常数据的取舍问题上进行了分析，可引导"数据控"类型的工程师确立正确的分析思路，避免盲目而单纯的数据分析导致的工程风险。

1. 问题的提出

各行各业对对象的认识都需要进行数据分析，岩土工程及建筑结构中的参数，也离不开对数据的整理和统计。但完全盲目的数据统计，有时候会带来工程风险。比如4只木柄绑在一起，我们要将它们一同折断，需要克服的是它们的总体抗力，对每一个木柄而言，抗力的平均值就是它们的代表值；但如果4个木柄分别作为一张桌子的四脚，那么每一只脚的抗力是独立的，可能某一只脚的承受能力达不到平均值，所以平均值就不能作为代表值。

那么在岩土工程勘察中，什么情况下可以进行数据统计，使用统计值作为代表值呢？对于偏大和偏小的奇异数据，什么情况下该舍弃、什么情况下又不该舍弃呢？下面我们就数据统计的适用范畴进行深度探讨。

2. 初步勘察的数据统计

对于初步勘察，一般是单纯地研究土层性质，要从整体和普遍性来评价土层，这时候是需要进行数据统计的，奇异的数据可能影响正常的统计，进行数据舍弃也是必要的。比如碎石土，某粒碎石的强度可能会很高，但它不代表该土层的性质。又比如某土层的内摩擦角试验成果可能是12°、13°、15°、13°、14°、35°，其中35°就是理所当然的舍弃数据。如果不舍弃，内摩擦角平均值是17°，明显不是土层性质的真实反映。

3. 整体性受力的单元

一个整体性较好的单元，它的各个部位能够互相协调，共同提供抗力，在该单元

---

① 本篇发表于《写真地理》（国内统一刊号 CN22-1394/G）2019 年第 8 期。

的许多部位取得的若干数据，就需要对这些数据进行统一的整理和统计，采用加权平均值或标准值作为其代表值。下面举例说明。

（1）一个整体性较好的大型独立基础或箱形基础下为碎石土，布置了20个点测试地基承载力，靠近中部可能存在一些裂隙点或巨块石出露的刚性点，这些点试验数据偏大或偏小，参与统计时所得的平均值可能并不具有代表性，这时候就需要进一步深化分析。如果这些奇异的点影响范围很小，比如这些点的分布范围不足基础范围的1%，舍弃这些数据是合理的；但如果这些点分布范围较大，就需要划分为单独的单元进行独立分析，基底的平均抵抗性能可采用面积加权平均的方式来评价，但实际上工程中的普遍做法是各单元区单独分区和评价，由设计方计算基底的总体抗力。

（2）一个滑坡的滑动面采集了10个点进行试验，对于某个处于空隙区附近的奇异数据，若其代表区域很小，也是可以舍弃的；但如果这些空隙区分布较多，则可以划分为单独的独立单元来进行分析，滑面的参数代表值可以根据各单元统计标准值按分布区域的加权平均法确定。

（3）整体性受力单元的边角区域或地基性质呈规律性渐变时，统计时也需要进行细化，具体可参见下文。

4. 简化统计与细化分析的辩证

必须认识到，数据舍弃只是为了简化分析工作，而不是理所当然的。一般要求分析造成数据奇异的原因，除了从取样质量、试验操作是否失误等方面分析原因之外，尚应确定奇异数据的影响范围，从而分析数据舍弃是否影响工程的安全性，如有必要可以将数据奇异区域单独分层（分单元）进行试验分析。

5. 渐变土层

对于渐变性土层，高值和低值位于结构的端部时，不宜舍弃。比如某场地东端的地基承载力达到230kPa，向西逐渐减小，西端为150kPa，舍弃两端的数据、采用中间的数据作为地基承载力值或按同一土层进行统计使用就会不安全。这种情况切勿机械使用统计学及其数据舍弃原则，应进行合理的分段分析，对于每一段，地基强度建议采用该段的低值作为代表值。

6. 边角点的数据奇异

同一整体单元的某一侧或某角落数据奇异，不宜舍弃。作为建筑地基使用，某一角落或某一侧地基偏差时，可能产生建筑物倾斜、倾倒，应进行分段分析，分为不同的岩土单元，而不应按同一单元岩土层归并处理。

7. 非整体受力的单元

非整体受力单元的地基，数据差异较大时，不宜按同一地基进行统计分析。比如某建筑物有 40 根柱子，各柱子采用独立的桩基作为基础，这些独立的桩基就非整体单元，其受力机理跟本篇第 1 节所说的一张桌子的 4 脚类似。虽然各柱下土层均为碎石土，若经测试桩端承载力的最大值是 1500kPa，最小值是 280kPa，平均值是 700kPa，这种情况采用统计值显然是不合理的，应进行分段分析，必要时对各柱子分别进行试验分析。

综上所述，岩土工程的数理统计并不是机械的数据分析，必须以实际对象作为分析基础，首先必须分析奇异数据产生的原因，其次在非人为误差的情况下，分析奇异数据的影响情况，只有在一个整体单元的微不足道的范围和位置，才能舍弃这些奇异数据，否则应进行分段研究或个别研究。

思考题：岩石地基因承载力较大，多采用桩-柱直连的柱下单桩基础，地基强度采用的全场统计平均值或标准值可能大于单个基础以下地基强度，遇到这种情况时应该如何处理？

第 8 篇　岩石地基承载力的一些讨论

1. 概述

现行国家标准《岩土工程勘察规范》GB 50021 主要是针对土质地基，土质地基的承载力具有成熟的论证方法，其承载力特征值不仅与抗剪强度具有理论上的对应关系，而且土质地基的载荷试验也已普及，土质地基的承载力还跟含水率、孔隙比有着一定联系，一些地区还积累了大量的承载力与动力触探和标贯试验的相关性表格。所以，土质地基的承载力具有多种方法论证的基础，争议性不大，其数值可以做到统一性或确定性，能够获得大众的认可。

而岩石地基的承载力，从承载力的理解到承载力值的确定在一些人理念中都存在争议性或模糊性，所以值得进一步讨论。

2. 岩石地基的强度上限及侧限问题

一直以来，认为岩石地基强度很高、侧限作用下的强度远高于单轴抗压强度，所以岩石地基几乎不可能破坏的观念十分盛行，而且这是一大批岩土同行或设计人员的观点。

其实对于浅埋的岩石地基，往往裂隙性较高，裂隙面附近往往是全风化、强风化状态或存在强度较低的氧化覆膜层，甚至存在一些张开裂隙，或充填碎屑和泥质的裂隙，基底滑动、裂隙间位移或裂隙充填物的变形可能会对承载力产生较大影响。就算不考虑岩体的裂隙性，岩体只有产生了变形倾向才会有侧限，但脆性岩体一旦产生微小变形即为破坏，所以"有侧限条件下承载能力大"的理论，没有经过试验和论证不能盲目跟随。

与侧限问题相同的就是桩侧阻力，因为岩石地基不允许变形或具有微小变形即为破坏，所以岩石地基不具备较长的桩侧协同承受荷载的条件，单桩极限承载能力也应有一个上限值。

岩石地基的强度上限，无论是浅基础的承载力，还是桩基础端阻与侧阻的综合承载能力，除没有裂隙发育的部分软质岩可适当放宽外，其值一般不建议超过饱和单轴抗压强度。

3. 岩石地基破坏模式的猜测

通常岩体的承载力被认为是承受压力的能力，块体的抗压强度决定了岩体承载力的大小，但大多数中风化及微风化岩块内部强度高，不容易破坏，完整性较差的岩体结构面附近风化区的局部压碎产生变形（图 8-1）、陡倾岩层的翘曲（图 8-2）和镶嵌状岩块的棱角被压碎等破坏可能先于整体的压碎破坏。

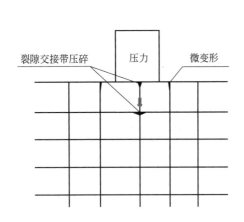

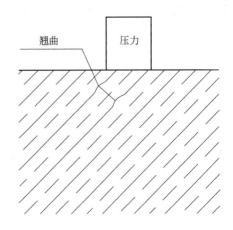

图 8-1　碎裂或碎块状岩体裂隙交接带压碎　　　　图 8-2　层状陡倾岩层的翘曲破坏

那么岩体的承载力能力，不仅与岩块的抗压强度有关，还可能与结构面的变形性能、结构组合类型等有关（图 8-3）。不均匀风化、岩溶裂隙等不仅对岩石地基承载力的影响较大，同时还严重威胁到地基的稳定性（图 8-4）。存在孔隙或局部临空面的岩体，稳定性破坏或局部压碎变形会先于总体的抗压破坏。

图 8-3　碎块状岩体　　　　　　　　　　　图 8-4　溶洞顶板的破碎岩体

4. 桩基自平衡试验应注意的一些问题

桩基自平衡试验因为不需要大量堆载，操作简单，已成为贵州地区岩石地基桩基静载试验的主要形式。其基本原理是留置足够长的桩侧受力段，在桩底附近布置千斤顶，利用上段岩石的侧阻力作为抗力向桩底施加压力，同时计算上段岩体的桩侧阻力和下段岩体的桩端阻力。因为需要桩侧受力作为抗力，其开挖深度往往较深，风险和隐患也在于此。

（1）浅部岩体与深部岩体风化差异较大

岩体的风化程度随深度越来越弱、裂隙也逐渐封闭和减少，为考虑经济效益，一般基础埋深仅位于中风化顶面附近，其岩性几乎接近于强风化状态，试验工况与实际工程桩差异大。试验偏于不安全，利用该方法的试验成果时，应评估岩石差异性的影响，必要时应适当增加工程桩嵌岩深度，使基底岩土特征与试验岩体接近。

（2）侧阻力未达到极限状态导致计算的极限端阻力偏大

大部分桩基自平衡试验都是在底板的侧面与岩石直接接触的条件下完成的，即千斤顶以下部分不仅是端部受力，还有侧阻力的发挥，千斤顶下部的"极限荷载＝极限端阻＋极限侧阻"，极限荷载就是千斤顶施加的应力，如果侧阻力没有发挥到极限（非破坏性试验条件），所得的端阻力就不是准确值，而且偏大，偏于不安全。假设破坏时的极限侧阻力为 800kPa，按设计荷载进行试验，计算所得的极限侧阻力为 500kPa，千斤顶以下部分侧阻力实际发挥为 $800 \cdot A_p \cdot L$，试验时按 $500 \cdot A_p \cdot L$ 考虑。实际极限端阻力为"荷载$-800 \cdot A_p \cdot L$"，计算所得的极限端阻力为"荷载$-500 \cdot A_p \cdot L$"，所以取值偏大而不安全。

鉴于上面两个原因，该类试验不能用于计算浅基础的承载力特征值，其所得极限端阻力值也只能提供参考，具体尚需勘察单位论证认可后方可使用。

5. 岩石地基静载试验相关问题探讨

（1）岩石地基静载试验的推广倡议

以往对土质地基的试验研究比较多，所以许多人对岩石地基的静载试验并不熟悉，甚至不明白岩石地基静载试验承载力的确定现行规范是按最小值、安全系数取3，变形不稳定即视为达到极限，不少人仍按土质地基的试验和计算方法进行试验，获得不正确的数据；而另外一些人则认为岩石承载力高，试验需要很大的堆载量而难以实现；与此同时，随着建设工程规模的越来越大，对承载力的要求也越来越高，一些建设单位和勘察单位在未经过严密论证的情况下，随意提高承载力使用，同时充满盲目的自信。

归纳起来，岩石地基存在"不进行试验""进行不正确的试验""盲目自信"三种普遍现象。为了积累行业经验，增加工程的可靠性，十分推荐大家多做岩石地基的静载试验。

岩石地基静载试验，要求直径300mm的刚性承压板，其侧壁应消除与岩土的摩擦力。承载力特征值按5000kPa（极限承载力15000kPa）考虑，需要堆载量为160t左右，采用地锚提供反力（图8-5），其反力是容易实现的，图8-6为某岩基平板试验成果曲线。

采用饱和单轴抗压强度计算岩石地基承载力特征值时，折减系数最高可以取0.5（规范的完整岩取值），但安全系数取3的话，建议承载力特征值不超过饱和单轴抗压强度的 1/3。

图 8-5 岩基平板载荷试验的地锚反力装置

　　理论上，完整岩石的安全系数取 2 是可以接受的。但实际上，因为岩体可能存在差异风化、结晶差异等情况，加之目前的地勘市场竞争压力较大，实际工作往往投入不足，许多区域，一旦有机会，就会"以猜测代替勘探、以估计代替试验"，可靠的实际测试数据越来越少，"经验取值"越来越多，对复杂地层都没有进行细致研究的条件，对破碎带和异常岩体缺少精确分析，这种情况下，适当保守取值，安全系数尽可能取大值是很有必要的。

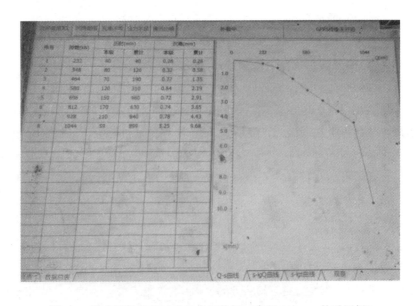

图 8-6 岩基平板载荷试验的成果数据（直径 300mm 的承压板）

（2）承压板直径的讨论

接下来我们讨论一下被关注得比较多的问题：岩石地基的载荷试验，承压板直径为什么取 300mm？用其他直径的承压板是否可行？

第一个问题，理论上均匀的岩石地基不需要考虑尺寸效应，也就是说承压板大小都可以，考虑到岩石地基承载力高，加载难度大，所以尽可能取面积较小的承压板进行试验，但又不能太小，太小了受局部小裂隙影响大，无法反应地基的实际综合承载力，一般可按规范取直径 300mm 的承压板，特殊情况尽可能按与基础相同工况（同大小、同持力层特征）取值，如遇可能受裂隙等影响的不均质岩石地基。

第二个问题，其他直径的承压板是否可行？当然可行，上面已经说得比较明确了，与基础相同尺寸的是最合理可行的。两种不同的承压板得出的承载力特征值不相同时，应分析试验值产生差异的原因，这种原因是否影响实际基础。

（3）基面平整度与砂垫层找平的问题

静载试验的规范要求进行基面修平，局部不平整使用厚度小于 2cm 的砂垫层找平。实践中发现一个问题：岩石地基基面难以修平，凹凸不平的基面上与承压板接触的岩基面积仅为凸起的区域，有效接触面积甚至不足 10%，局部凸起部分的压碎作用决定了实际岩石地基检测结果，导致检测结果失真，砂垫层充填凹面不能承担起与凸起部分共同受力的作用。有人提出采用与实际工程基础一致的方法浇筑混凝土填充基面进行找平，工期要求不紧张的情况下，应采用该方法进行试验。

6. 岩石地基上基桩的极限端阻力和极限侧阻力

（1）基桩总极限阻力的上限

因为岩石地基不允许大变形或在较小变形作用下就破坏，所以端阻力和侧阻力的协同受荷条件受限制，不能按照土质地基那种使用极限端阻力和极限侧阻力来无限计算基桩的承载力能力，其端阻力和侧阻力应被限制使用。

在现行行业标准《建筑桩基技术规范》JGJ 94 中，岩石地基采用的是包括端阻力和侧阻力在内的"总极限阻力"，总极限阻力的计算公式如下：

总极限阻力＝端阻和侧阻综合系数×岩石饱和单轴抗压强度×桩底面积

因为大多数设计人员习惯于土质地基的计算模式，勘察规范有"给出估算的端阻力和侧阻力值"的规定，所以采用总极限阻力的设计方式并未得到普及。

岩石地基不具备较长的桩侧协同承受荷载的条件，单桩极限承载力应有一个上限值，除没有裂隙发育的部分软质岩可适当放宽外，其值一般不建议超过饱和单轴抗压强度。对于非裂隙性岩体和非脆性岩体而言，在现行行业标准《建筑桩基技术规范》JGJ 94 中，单位面积的总极限阻力上限值如下：硬质岩为饱和单轴抗压强度的 1.04 倍（嵌岩深径比为 4 的时候），软质岩为 1.7 倍（嵌岩深径比为 8 的时候）。

（2）嵌岩深径比为 0 时的基桩承载力与浅基础承载力的比较

取承载力特征值为极限值的一半，仅按岩面端承桩考虑（嵌岩深径比为 0）时：

　　硬质岩：总极限阻力＝0.45×饱和单轴抗压强度×桩底面积

　　　　　　总阻力特征值＝0.5×0.45×饱和单轴抗压强度×桩底面积；折减系数

　　　　　　　　为0.225

　　软质岩：总极限阻力＝0.6×饱和单轴抗压强度×桩底面积

　　　　　　总阻力特征值＝0.5×0.6×饱和单轴抗压强度×桩底面积；折减系数

　　　　　　　　为0.3

　　岩面端承桩承载力特征值折减系数0.225～0.3，对于较完整的岩体，浅基础承载力特征值的折减系数为0.2～0.5，如果特征值安全系数取3，浅基础承载力特征值上限不超过饱和单轴抗压强度的1/3时，二者取值几乎完全吻合。所以该计算方法是合理可用的。

7. 基础埋深和基础尺寸对岩石地基承载力的影响

　　（1）基础埋深

　　土质地基的承载力受边载的影响需要进行深度修正，深基础的承载力特征值可能远远大于浅基础的承载力。

　　岩石地基强度高，以脆性破坏为主，地基破坏之前，不会形成较大范围的塑性变形区，对于完整的岩石地基，其破坏模式就是局部压碎，边载并不提高岩石地基的承载力，所以岩石地基的承载力特征值不需要进行深度修正。简言之，抛开深部与浅部的岩石风化差异和稳定性影响，浅部的岩石地基承载力特征值与深部岩石地基的承载力特征值是一致的。

　　（2）岩石地基的尺寸效应

　　对于土质地基上的浅基础而言，基础宽度越大，塑性破坏可能影响的范围越大，抗力越大，浅基础的承载力特征值随基础宽度的增大而略有增加。但岩石地基是局部压碎破坏，所以基础宽度对其强度的增量可以忽略不计，规范未考虑岩石地基承载力特征值的宽度修正。

　　对于桩基而言，当孔桩开挖尺寸越大，土质越差时，极限端阻力和极限侧阻力越小，这种现象规范称之为桩基承载力的"尺寸效应"，但我们也可以用"扰动效应"来称呼，做一个大胆猜测：基桩的尺寸效应是开挖扰动或地基回弹引起的。桩径越大、土质越差，越容易产生扰动和回弹，尺寸效应影响越明显。岩石地基孔桩开挖扰动小，几乎不会造成桩侧阻力和端阻力的减小，或者其影响几乎可以忽略不计，所以现行规范对嵌岩桩并未考虑其尺寸效应。

　　根据具体分析和规范的相关考虑条件，岩石地基的承载力特征值是不受尺寸效应影响或其影响是可以忽略的。

　　（3）岩石地基上承载力的特点和岩基载荷试验

　　基础埋深和尺寸大小对岩石地基的承载力无影响或可以忽略，这两个结论是很重要的。

　　首先，试验方法灵活性提高。对于土质地基上的基础，需要尽可能地按实际工况进行试验，包括基础开挖深度、基础尺寸大小都应尽可能的一致；但对于岩石地基，因为其承载力高，要按实际工况进行试验，需要施加的压力很大，设备要求高，实施难度大。由于基础埋深和尺寸大小对岩石地基的承载力影响小，所以我们就不需要在埋深相同、尺寸相同的基础上进行试验，在地面附近用小直径的承压板进行试验即可。

　　其次，承载力的统一：浅基础的极限承载力＝深基础的极限承载力＝基桩的极限端阻力。一种试验可以得出多个参数，不需要进行深度和宽度的修正，也没必要进行重复的多种试验。现行规范规定，完整、较完整、较破碎岩石地基作为天然地基或桩基础持力层时的承载力均按承压板直径为 0.3m 的岩石地基载荷试验确定；嵌岩桩可通过直径为 0.3m 岩基平板载荷试验确定极限端阻力标准值，可通过直径为 0.3m 嵌岩短墩载荷试验确定极限侧阻力标准和极限端阻力标准值。

8. 岩石地基的变形

　　一些主要规范明确指出，岩石地基的变形很小，可以不考虑或不计算其地基变形。这个规定对以往的建筑物来说是没有问题的，但随着社会发展，新时代的建筑物荷载越来越大，对于一些岩石（比如石灰岩和白云岩），近地表的岩体是具有一定裂隙率的，诸多试验表明，荷载达到 10000kPa 以上时，较破碎的岩石地基沉降量还是显著的。表8-1 为某场地试验成果。

　　裂隙性岩体（如石灰岩和白云岩）地基的变形与其地基失效或承载力极限的原理是一致的，主要是裂隙间的压缩变形造成的（图8-7）。

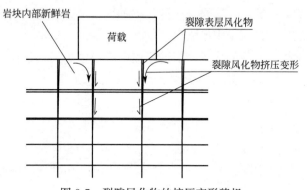

图 8-7　裂隙风化物的挤压变形猜想

福泉某场地中风化白云岩（较破碎）静载试验总变形与荷载　　表 8-1

序号	承压板型号	累计施加极限荷载(kPa)	累计变形量(mm)
1	直径 0.3m	11000	18.1
2	直径 0.3m	11000	16.24
3	直径 0.3m	12000	15.97
4	直径 0.3m	13200	16.86
5	直径 0.3m	16800	20.10

9. 碳酸盐岩地区饱和单轴抗压强度的不可靠性

岩石地基抵抗竖向压力的压强度除了静载试验的直接方法之外，现行国家标准《建筑地基基础设计规范》GB 50007 主要是采用饱和单轴抗压强度进行承载力特征值换算。但实践中发现碳酸盐岩地区，采用饱和单轴抗压强度确定岩石地基承载力的方法可靠性低，或者说与规范的折减系数不对应。

第一，中风化内部的性质变化大。强风化层的强度低，微风化层的饱和单轴抗压强度可能是强风化的 10 倍以上，中风化灰岩介于二者之间，其强度可能在较大范围内浮动，而且沿深度并不是完全的递增趋势。

第二，碳酸盐岩差异风化作用强烈。溶槽、溶沟、风化囊、破碎腔、溶蚀裂隙比比皆是，发育不规律，具有较大不确定性的影响。

第三，碳酸盐岩内部的结晶程度变化大，同一套地层、同一个地区，其泥质含量和结晶特征具有较大变化。

第四，碳酸盐岩的裂隙比率大、裂隙附近强度与岩体内部强度差异大，是强度受裂隙影响最大的岩类。普通的碎屑岩的胶结程度和裂隙强度可能同期增长，且泥岩和砂岩的裂隙与岩体之间没有过大的强度差异；而岩浆岩和变质岩具有较为完好的晶型和抗风化能力，裂隙的发育和影响不像碳酸盐岩那么"肆无忌惮"地发展。相对而言，碳酸盐岩是受裂隙影响最大、最难以解释和分析的岩石，单纯以抗压强度来分析可能会得到错误的结论。

从某种意义上而言，岩石的承载力就是抗压的能力，但实际我们获得的饱和单轴抗压强度具有一些不可靠性，实验室的饱和单轴抗压强度试验是在柱状岩芯基础上获得的，但我们通常是在钻探至中风化以下数米，甚至十数米之后，才能采取一些短柱状的岩芯，强风化与中风化的接触面附近岩体破碎程度高、风化程度高，不易获得试样。而实际上为了考虑经济效益，大多数的基础都是采用接近中风化的顶面作持力层，岩面的岩石强度与数米以下的岩石强度相比可能差距并不小。

碳酸盐岩的抗压强度具有一定的不确定性，实验室提供的数据离散性大，不能当作同一个地层或同一套数据来使用，必须经"取舍"才能满足数据分析要求。

笔者在参观了一些实际试验后，对中风化灰岩饱和单轴抗压强度的一些数据整理如下：

崩裂性破坏（图 8-8）：强度值 15～30MPa；

压碎性破坏（图 8-9）：强度值 60～90MPa，结晶较好的能够达到 180MPa。

其中崩裂性破坏只是局部脱壳、崩弹或裂开，其破坏模式的数量为 20%～25%，此类破坏是否存在或存在多少，具有较大的不确定性，一些外形完好的岩芯，在压碎之前就裂开了，一些外形较差的岩芯能达到压碎效果，抗压强度却很高。

现场静载试验的结果是大多数灰岩的承载力特征值在 4000～5500kPa 之间，白云岩可能稍低，用压碎的饱和单轴抗压强度来换算承载力，折减系数是 0.06，用崩裂

图 8-8　崩裂性破坏

图 8-9　压碎性破坏

性破坏的饱和单轴抗压强度来换算，折减系数是 0.2，规范对较破碎岩体的折减系数建议为 0.1～0.2，与规范不对应或存在较多的不可控性。为了迎合规范按 0.1～0.2 折减后获得合理的承载力特征值的相关规定，勘察单位和实验室都习惯于保留 30～60MPa 的试验数据，无论试验值为多少，处于这个区间才被认为是合理的，不过有时候也有例外，比如遇到大部分强度低于 30MPa 或大于 90MPa 的，现场的岩质本来就太硬或太软，脱离这个区间也是能获得认可的。其实这并不完全是勘察单位或实验室的问题，规范本身对碳酸盐岩地区的适用性可能不够普遍，加之岩石地基的静载试验并未推广使用，勘察报告提供承载力的唯一方法还是规范的换算公式，勘察单位不得不依赖它时，谁也不想说它存在问题而不能直接用。

　　土质地基有采用多种方法确定承载力互相印证的习惯，既然一种方法的可靠性不足，岩石地基我们是否也应进行多种试验呢？除饱和单轴抗压强度的单一指标之外，勘察时应多建立一些参考，如声波、剪切波、瑞雷波、回弹仪、点荷载等，都是可推广的试验方法。

10. 碳酸盐岩地区声波测试的问题

声波测试作为一种经济适用的方法，理应得到大面积推广，但在碳酸盐岩地区却遇到了尴尬局面。因为声波测试大多采用水作为介质，而碳酸盐岩地区最著名的一个特点就是漏水严重，无法灌水和测试声波，勉强能灌水测试的区域都是底部和岩体较好的部位，对于应该研究和分析的薄弱环节和受风化影响严重却又被工程广泛利用的浅表层，很难获取需要的数据，无形中也影响了碳酸盐岩地区的勘察难度和准确性。应该去寻求实际解决问题的方法，拓展勘察手段。

11. 结语

岩石地基在饱和单轴抗压强度的基础上，根据破碎程度进行折减，可以提供合理的承载力特征值，对承载力要求较高时进行静载试验也是具有可操作性的。反对在没有试验支撑的情况下对承载力进行盲目提高，同时建议推广岩石地基静载试验进一步论证其承载力，避免其盲目性和争论性。

思考题：
1. 为什么说碳酸盐岩是受裂隙影响最大的岩体？
2. 产生"崩裂性破坏"的原因是什么？

第9篇　桩侧摩阻力失效的一些情形

1. 引言

当建筑物要求较高或地基较差时，桩基础的使用成为普遍的选择。桩基础的承载能力除了受土层的侧摩阻力、端阻力和桩本身的强度影响之外，也可能有其他一些特殊情况制约桩基侧阻力和端阻力的发挥，影响其承载力。

2. 成孔施工对土层结构的破坏

桩基承载能力不仅应考虑天然土层的结构特征，其实桩基的施工工艺对承载力的影响是很大的。我们曾在一种松散的砂土上进行钻探，砂土随钻探设备的扰动不断向钻孔内滑塌，最终形成一个巨大的"钻坑"，整个钻机都掉入坑内，险些造成安全事故。桩基施工开挖时也可能如此，松散砂土完全破坏、坍塌，稍密以上的局部破坏或坍塌，坍塌后的砂土松散且孔隙率增加，承载能力降低。

除砂土之外，粉土、碎石土、填土、软土等土层结构也容易受桩基施工的破坏。总体而言，土层结构的破坏会造成承载能力的降低，我们或许可以采取一些减小破坏的工艺模式如静压预制桩；也可以采取一些防护措施如钢护筒护壁；还有一些人认为桩基浇筑时将受破坏的侧壁与桩基浇筑凝结在一起，有扩大桩径、增加承载能力的效果。此类问题，仅供工程师学习利用和思考，本篇不展开研讨。

3. 一般情况下的桩侧负摩阻力

一般情况下的桩侧负摩阻力是指规范有明确规定，普遍为人们所接受的桩侧负摩阻力。这些情况包括较厚的松散填土、自重湿陷性黄土、欠固结土、液化土、附近地面承受较大长期荷载、地下水位下降致使有效应力增加。主要考虑的是土层在外在（非基桩本身）荷载作用下产生的沉降大于基桩的沉降。

4. 岩土性质差异较大的其他情形

前两种情况（成孔施工对土层结构的破坏和一般情况下的桩侧负摩阻力）为常规桩侧摩阻力失效的情况，为大众所接受，也不容易被忽视，本篇讨论的重点是第三种情况：强度、变形性能差异过大导致侧阻力丧失的情况。

（1）应力集中于桩端

　　笔者曾在工程实践中遇到过一个问题：场地存在大面积的巨厚填土，下伏软塑状红黏土，桩端持力层为中风化较硬的灰岩，桩基施工时容易垮孔。为避免采用钢护筒护壁带来不必要的费用，监理和施工单位想出一个"妙招"：按1.2m桩径先开挖引孔，而后在已成孔的垮塌孔内采用0.6m的预制静压桩，桩长达40m左右。采用一柱一桩的布置形式，试想0.6m的细长桩，桩顶荷载18000kN，桩底岩石支撑，中间无土层固护，这是多么危险的一种结构模式？这种细长桩，主要存在以下一些风险：

　　第一，细长的预制桩强度本身不易满足承载能力要求；

　　第二，细长桩桩身容易造成应力集中和破坏；

　　第三，桩身容易受压屈破坏；

　　第四，桩的垂直度有些许偏差时，很容易破坏。

　　工程设计其实是具有一定地区性的，平原地区的土质地基，采用小直径桩形成复合地基，不仅施工便利，而且能够提高地基的整体性和均匀性，对地基性能提高很大，所以平原地区的设计人员往往更喜欢使用经济且实用的小直径桩；但山区的嵌岩桩，如果盲目追求经济效益，采用过于细长的桩型，桩顶为建筑物、桩底为坚硬的岩石，中间为较差的土层，桩侧没有固护作用，无异于用电线杆支撑千万吨重物，其风险是难以预料的。

　　（2）岩土变形性能差异大导致的应力集中

　　上一节"应力集中于桩端"的例子只是一个极端的情况，对于山区岩土组合地基，因为变形性能差异大而导致的类似问题则是山区存在的普遍情况，具有广泛的研究价值。岩石地基因为结晶或胶结作用，不存在粒间空隙，忽略沉渣的影响，岩石地基变形量很小，对于一般建筑物而言，可以忽略不计。换句话说就是：嵌岩的基桩，如果不考虑桩身压缩，是不会产生变形的。相比而言，山区常见的红黏土、填土等土层，孔隙度大、容易压缩变形。那么就可能发生以下一些问题：

　　1）土层摩阻力的丧失

　　①桩顶受力时，基桩相对于土层产生向下移动的趋势，桩侧摩阻力致使土层压缩变形；

　　②桩基本身难以产生变形；

　　③桩侧土层相对于基桩具有向下的变形、运动趋势，致使桩侧正摩阻力丧失。

　　所以对于嵌岩桩而言，普通土层承载能力存在丧失可能。平原地区的设计人员，惯用土层的侧摩阻力，到山区进行桩基设计时，若不转换思维，可能造成一些工程风险；而贵州山区的设计人员，设计桩基时通常不考虑土层的承载能力，简言之：作为安全储备。实际上，是否能作为"安全储备"尚未可知。

　　公路及铁路相关规范对支承于岩石上的桩基，其土层摩阻力的折减具有明确的规定。

　　2）应力高度集中

　　因为岩层变形量小，所以桩基受力主要集中于岩面以下一定范围以内，直到局部岩层破坏才会向下受力。所以入岩深度过大，就形成了桩顶和桩底两端受力的模式，

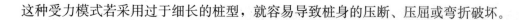

这种受力模式若采用过于细长的桩型，就容易导致桩身的压断、压屈或弯折破坏。

5. 结语

综上所述，桩侧摩阻力失效不是仅在土层结构破坏或非桩基本身外力作用下土体固结沉降时才会发生，桩端和桩侧岩土变形性能差异大时，也会导致侧摩阻力失效。而且侧摩阻力失效不仅是承载能力的降低，桩端荷载大且应力高度集中时，不宜采用过于细长的桩型。

思考题：高强度硬质岩作为桩端持力层时，红黏土是否能提供充分的侧摩阻力？

第10篇 岩土工程勘察中基础方案的选用

1. 引言

基础方案的选用是土力学的基本教程，故本篇并不对基础方案的选用原则进行全面铺开讨论，而是列举若干例子，针对一些勘察报告中常见的问题，指出较为合理的基础选用方向。

基础设计时，需要根据地基强度、混凝土强度和上部荷载特点精确计算，并需考虑温度、腐蚀性等环境影响。但岩土工程勘察中确定基础方案，主要是论证其可行性、评价地基和场地适宜性，避免出现勘察成果达不到设计要求的问题，也为设计规避一些风险提供参考建议。山区和平原地区基础方案的设置各有其特点，山区单凭地基强度和变形性能确定的基础方案未必合理，而桩基础多采用桩-柱直连的单桩基础。本篇主要是按山区地基特点考虑，有些问题可能不是平原地区需要考虑的，读者运用时应因地制宜。

工程方案选用的原则，用一句话概括就是"经济技术可行性"，包括两个方面：一为风险控制、二为经济性。基础方案的主要风险有强度、变形性能、稳定性等，听起来颇为简单，工程实践中遇到的问题却多种多样，因为大部分勘察人员并不常从事基础设计工作，所以地质勘察时，常常忽略细节，连一些颇有经验的工程师都常犯想当然的错误，下面举一些常遇到的问题并一一阐述。

2. 基础方案与钻孔控制深度

确定基础方案不仅是房屋建筑岩土工程勘察的重要目标之一，而且是勘探工作布置和孔深控制的基本依据。某勘察报告，地上建筑为 30 层，单柱荷载为 20000kN，较软岩石地基，承载力特征值为 2200kPa，极限端阻力 5000kPa，极限侧阻力 320kPa。钻孔深度按不少于 10m 控制。一般岩石地基采用一柱一桩的布置方法，桩径取 2m、桩长取 10m 计算，则能够提供的承载力为 $0.5 \times (3.14 \times 2 \times 10 \times 320 + 3.14 \times 1 \times 1 \times 5000) = 17898kN < 20000kN$，不满足要求，也就是说孔深按 10m 控制并不满足桩长要求，勘察深度未达到基底，不满足规范要求。

可见，岩土工程勘察时不仅是按照经验的勘察深度进行钻探，对地基承载力的初步估算也是必不可少的。

3. 基础浅埋不一定经济

一些多层建筑，表土层性质较好时，大多数人会认为采用独立基础经济性一定比桩基础好，但实际不一定如此。某 3 层建筑物勘察报告，拟建物单柱荷载为 2500kN，红黏土厚度为 6m，承载力特征值为 220kPa，勘察报告想当然地认为 3 层建筑应采用红黏土为持力层，采用独立基础。我们估算一下基底面积：$A = 2500/220 = 11.4\text{m}^2$（按 12m^2 考虑采用长×宽＝3×4 的基础），按宽高比为 1：1.25，则基础最小埋深为 $1.25 \times 4 = 5\text{m}$，实际上只需要埋深增加 1m，采用下伏灰岩为持力层，基底面积取 1m^2 就够了，足足缩小十分之一倍，经济可行性高，且风险大为降低。

所以，基础浅埋并不一定经济，当下伏地层强度比上覆地层强度高数倍时，往往选用下伏地层为持力层，经济性能可能极大的提高。

4. 强度较高且厚度较大时也不一定是合理的持力层

某勘察报告，拟建物单柱荷载 25000kN，红黏土厚度 10m，强风化灰岩厚度 12m，其极限侧阻力 220kPa，极限端阻力 1500kPa，承载力特征值为 500kPa，其下为中风化灰岩。勘察报告建议强风化灰岩为持力层，因为其强度较高且厚度大，但取桩长为 10m 初步估算，需要桩径大于 4m，经济技术可行性很低，所以合理的持力层为中风化灰岩。

所以，强度较高且厚度大的地层不一定是合理的持力层，当两个地层的强度差异较大时，进行经济技术比选很有必要。

5. 尽可能采用强度高、风险低的地层为持力层

当两种基础方案经济性差别不大时，尽可能采用强度高、风险低的地层为持力层。如某 5 层建筑物，最大柱荷载 3500kN，硬塑红黏土厚度为 4～15m，平均厚度 8m，其下伏为中风化灰岩。采用红黏土时，基底面积大，为不均匀地基，需要处理；采用岩石为持力层时，基底面积小。如果二者经济性差异较小，理所当然选用中风化灰岩为持力层，强度高、风险小。

红黏土性质存在较大不确定性，容易受水环境的影响，其不均匀地基处理效果也不一定能控制好。所以当两种地基经济性差异较小时，从地质角度出发，知道哪种地基风险更小，不仅应提出合理的持力层建议，且勘察报告中应将相关风险告知对地质风险一无所知的设计人员。

6. 尽可能采用同一岩土层为持力层

经济性差异不大时，尽可能采用同一岩土层为持力层。如某勘察报告中土层厚度约为 12m，下伏中风化基岩，其中 1/3 的钻孔有中风化泥岩分布，厚度 2～7m 不等，

其余钻孔及中风化泥岩底部均为中风化灰岩，泥岩饱和单轴抗压强度为 4MPa，灰岩饱和单轴抗压强度为 34MPa，勘察报告建议采用中风化泥岩和中风化灰岩为持力层。实际上这里我们建议统一采用中风化灰岩为持力层，可大大减小基底面积，而且能降低风险。

7. 结语

本篇主要从强度方面通过几个例子说明了地基持力层和基础方案选用的一些要领，由上述例子可知，各岩土层的土层厚度、强度差异等方面，都可能影响到基础形式的选择，并不是仅凭承载力大小就能决定基础形式的。当然，基础形式选择时，需要先评价地基的均匀性和稳定性，选用不均匀的地基为持力层时，需要提供变形参数，让设计计算其变形后进一步论证基础形式；存在稳定性影响时，需要采取有效的措施进行处理，勘察报告中需要指出可能存在的风险，提出建议，本篇不再一一赘述。

第11篇 边坡地基问题[①]

本篇提出了边坡地基的概念，列举了几个典型边坡地基的相关工程问题及其解决方案，并给出了边坡地基勘察设计的一些建议，希望对完善相关行业规定有一定参考意义。

1. 概述

位于边坡上的工程场地，其建筑地基我们且称之为"边坡地基"。边坡地基在山区大规模建设场地具有普遍性，但目前的行业规范中尚无针对性的勘察设计策略，且边坡地基分析过程复杂，考虑边坡时勘探工作量大大增加，所以一些从业人员对此束手无策，甚至有意回避，在低价竞标过程中因不考虑边坡问题而造成恶性竞争，不利于行业的正常发展。

2. 某小区 F1 栋边坡地基

贵阳市某小区 F1 栋场地工程地质剖面图见图 11-1。原勘察单位按平坦场地勘察，未考虑边坡问题，孔桩长度及钻孔深度均按平坦场地进行布置，以低于其他勘察单位报价一半以下的低价签订勘察合同。孔桩浇筑后，下方场地整平开挖，导致该区场地发生滑坡，大部分孔桩发生弯曲或移动，幸未造成人员伤亡。最终，勘察及基础的设计和施工均全部返工，场地整平标高降低数米、桩长均加长数倍。

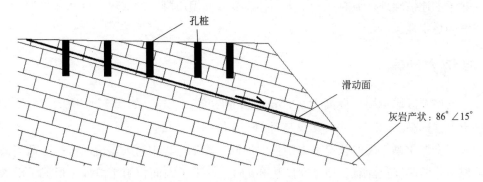

图 11-1　F1 栋工程地质剖面图（倾角陡于层面内摩擦角）

---

① 本篇原载于《工程技术》期刊，原题为《几个边坡地基岩土工程问题及解决办法》。

3. 某小区 G20 栋边坡地基

G20 栋与上述 F1 栋事故区的距离为数百米，岩层为灰岩，总体岩层倾角 8°，勘察中发现零星的小溶洞，溶洞高度 0.2~0.5m（图 11-2），个别钻孔出现承压水，水头高出地面 2m。孔桩浇筑时，有邻孔串浆现象，个别孔桩水泥浆用量增加近 3 倍，对施工进度和质量有一定影响。不仅如此，串浆也说明了勘察中出现的"零星小溶洞"实际上贯穿性较好，而且大致沿层面发育，形成一薄弱面。

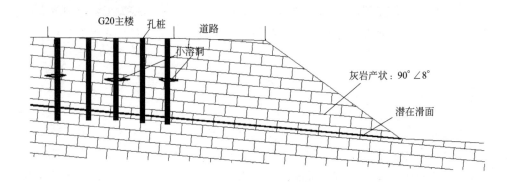

图 11-2　G20 栋场地工程地质剖面图（倾角缓于层面内摩擦角）

根据现场结构面大剪试验，测试结果取最小值并考虑岩溶空隙的影响，对参数进行了折减，最后取 $\varphi = 10.5°$（仅取 φ 值初估边坡稳定性），$K = \tan 10.5°/\tan 8° \approx 1.3$，即仅有竖向荷载作用时，边坡恒稳定。尽管如此，为避免桩侧阻力将上部结构的荷载传递给边坡上部，采取孔桩侧壁敷设油膜后进行浇筑的措施，极大地减小桩侧阻力。针对串浆，采取先堵漏、后进行基础施工的措施，效果良好。实际操作时可根据需要采用快凝混凝土多次注浆。场地位于山体半腰，附近并无地表水体，钻探过程中，承压水仅 2h 就疏干了，后期并无地下水储存。

除了上述措施外，坡脚设置了大型挡土墙并回填压脚，形成停车区和绿化带，加强边坡的稳定性。

4. 某填方地基

某县城新区原定场平标高 1292.5m，填方厚度 14.5m，如图 11-3 所示。后期拟在填土上（标高 1292.500m）建设 20 栋 6~9 层的住宅楼。

表层淤泥质黏土天然状况下力学强度很低，施工过程中对表层流泥进行了适当清除，但清除的厚度很随意。填土厚度达 5m 时，发生了大面积填土滑坡，形成了滑坡地基，滑动面为淤泥质黏土与粉质黏土的界面。随后委托相关单位对此滑坡进行治理设计，初步方案为设置一大型挡土墙，但发现地基强度低，不能作挡土墙的持力层，处理难度也较大；所以改用抗滑桩，因下推力巨大，拟采用三排抗滑桩；但即使对填

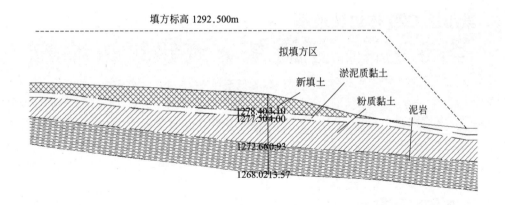

图 11-3　某县城新区填方地基

方体前方进行了抗滑桩支挡，后侧较远的建筑区变形量仍会很大，建筑物变形及开裂在所难免，所以第三个方案对场地整平标高进行全局调整，并于每栋楼前方均设置一排抗滑桩进行分段防护，上部结构采取变形适应能力较强的结构形式。

对该填方边坡（滑坡）上的建筑地基在"节省和进度"的双标下，缺少前导性的分析和初步的勘察，对基底处理不到位，形成一大型不稳定体，支挡难度大，最终边坡支护费用占据的投资比例大大增加，而且建筑物的使用功能也会受到一定的影响，后果比较严重。

5. 其他建议

笔者认为，在地基勘察设计时的首要问题是鉴别边坡地基，边坡地基按普通地基进行勘察分析应属一种不良的行业行为；其次，边坡地基的勘察设计应分阶段进行，边坡地基场平设计应经过充分的经济技术论证，不应由零散队伍和初入行者进行勘察设计，特别复杂时应通过专家论证确定其方案，报告审查时应考查其附近地形状况，不可仅按平坦场地审查；最后，边坡地基应加强建设中和建设后监测。

练习题：

1. 什么是边坡地基，为什么说鉴别边坡地基是边坡地基勘察设计时的首要问题？

2.（思考）边坡地基按普通地基勘察是否应属一种不良的行业行为？

第12篇 建筑基坑或建筑边坡的相关问题探讨

1. 边坡与地基勘察

岩土工程的建设，不可避免地要发生场地挖、填或基础开挖的情况，基坑或边坡问题是岩土工程勘察的一项重要任务，每一个勘察报告都必须仔细研究场地整平标高与原始地形标高的关系，明确其边坡规模、边坡等级、可能产生的地质风险，勘察报告中应有分析结论和处理建议。当地基勘察精度尚不足以评价其稳定性、边坡问题产生的后果难以意料时，需要进行专项勘察。

由于基坑或边坡的稳定性严重影响建筑场地和地基的安全，且是建设适宜性评价的重要因素，所以该部分的专项勘察应提前进行或与地基部分的勘察同期进行，不应在地基勘察报告之后补充完成。但多数时候，在专业的地勘单位进场之前，建设单位并不知道地质风险可能会增加投资，甚至造成投资破产，有些勘察单位也会忽视此类问题，直到施工开挖出现大规模的滑塌，造成较大的社会影响时，才开始开展边坡的勘探和分析工作。

无论边坡问题是在地基勘察之前，还是同期进行，或是地基勘察后进行，边坡问题的分析评价都是地基勘察报告不允许跨越的坎。专项勘察提前完成时，地基勘察报告应根据专项勘察成果，进行相关结论和问题的简要说明，必要时应进行复核；在地基勘察同期或勘察之后进行的，在未能确定其边坡是稳定时，地基勘察报告应指出边坡滑塌可能造成的危害。

边坡问题繁琐而复杂，一些建设单位不想在这些隐形的风险上进行投资，所以边坡问题不仅是勘察的难点，而且经济效益很低，一些勘察单位和技术员都想方设法的回避。一些勘察报告，写上"本报告不包括边坡部分"，便绕开边坡问题，对边坡基本特征和可能产生的地质问题只字不提，如果边坡严重威胁场地安全，这句话就能规避责任了吗？答案是不能的。

地质问题是岩土工程勘察不可回避的内容，勘察单位要提供场地、环境和地基的基本条件和相关参数，作为设计依据，地勘单位的基本任务就是全面了解现场的地质和环境情况。场地环境的问题，勘察单位不提供，设计单位独自去发掘地勘方未明确指出的地质问题意义不大，他们提供的资料不能成为基本设计依据。大多数情况，勘察报告不指出边坡的地质问题，建设单位和设计单位不知道该部分的地质风险，又如何能进行相关工作和委托呢?

边坡问题有大有小:诸如2m、3m高的一般土质边坡,如果具备放坡条件,适当放坡即可,进行专项勘察可能就没必要,但如果不提供放坡建议,胡乱开挖可能造成地质灾害;高大而土质较差且环境复杂的边坡,勘察单位不提出地质风险,开挖过程就会形成地质灾害产生深远的社会影响和经济损失。哪些边坡可简单处理,哪些边坡需要进行专门的试验和分析,地勘单位是最专业的,有义务和责任进行分析和建议。如果地勘报告中不予说明,不懂地质知识的建设单位就会直接委托挖机进场开始工作,即便建设单位可能会对局部大型边坡进行一定的工作,但是否能彻底解决问题就不得而知了,也可能他们进行重点工作的地方没多大问题,而忽视的地方却出了大问题。难道地勘单位责任范畴的东西,建设单位还要重新找地质专家或地勘单位来咨询吗?

2. 基坑边坡和临时性边坡

基坑规范明确说明其规范是针对临时边坡,但有时候基坑边坡的服役期间不一定只有两年,看以下三种形式的基坑边坡工程(图 12-1)。

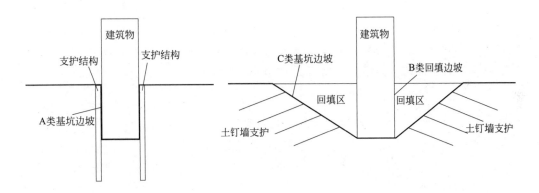

图 12-1　基坑边坡的三种形式

A 类基坑边坡:在拟建建筑物外围垂直开挖,应根据具体情况确定支护结构的使用周期,当建筑物主体结构能够承担支挡任务,原支护结构拆除后不影响拟建工程和物理环境时,无论支护结构是否拆除,均可按临时性基坑考虑其支护;除此之外的其他情况,均应按永久性基坑工程考虑其支护。

B 类回填边坡:当建筑物主体结构能够承担支挡任务时可不另行支护,否则应另行按永久性边坡进行支护处理。

C 类基坑边坡:回填后不考虑支护结构,边坡稳定性满足永久性边坡稳定性要求或即使边坡失稳,建筑物主体结构也能够承担支挡任务,则该支护结构可按临时性基坑边坡考虑,否则应按永久性考虑支护。

以上 B 类边坡是最容易被人遗忘的,按 C 类进行基坑支护设计后,应不忘记提醒回填土可能产生土压力,主体结构若不能承担支挡任务时,尚应另行支护处理。肥槽回填把主体结构压垮了是谁的责任，贵阳市某区的此类事故造成了近 30 人的死亡，因为参与建设的各方均未尽责，均受到了严厉的处分。

一些细心的专家发现临时性边坡和基坑工程的稳定标准（稳定性系数）相差甚远，所以二者不能等同对待。一般而言，临时性边坡应指基槽边坡、挖方推进时的"过程边坡"，服役周期不足 2 年的基坑工程虽然符合临时边坡的定义，但若其地质条件复杂、周边环境条件复杂时，其稳定标准不建议按临时性边坡取值。

3. 固结抗剪与不固结直剪

边坡规范和基坑规范，都有采用固结条件下的剪切强度的说法，在执行过程中争论不断，到底是用固结强度，还是不固结强度，大多数情况要看把关专家比较倾向于哪个观念。下面我们就这个问题来进行剖析，如图 12-2 所示，图上边坡内部任意点 A 在边坡开挖前处于地面以下的深度为 (x_1+x_2)，边坡放坡开挖后处于地面以下的深度为 x_2。理论上采用实际的固结应力 $\gamma \cdot x_2$ 下的固结剪切指标更符合实际情况，但通常情况下实验室的固结快剪是按原地面以下的深度考虑固结压应力 $y(x_1+x_2)$ 的。一般而言，固结应力越大、抗剪强度越高，所以实验室的固结剪切指标偏大而不安全。我们的建议是：确定为不放坡处理的边坡或基坑，可取固结剪切指标；如果需放坡处理，应取不固结的剪切指标或按实际放坡后的应力获得的固结剪切指标，放坡坡率不确定时建议取不固结的剪切指标。

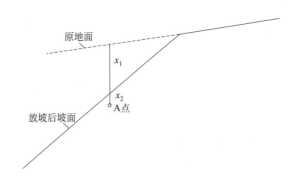

图 12-2 边坡内部点的深度

通俗点说就是：直立边坡可取固结剪切强度，放坡后建议取不固结剪切强度。

4. 基本破坏模式的探讨

圆弧滑动模式是边坡破坏的基本模式，有些人除了采用圆弧滑动计算稳定性外，还采用"破裂角法"进行复核，实际上同样的计算参数，圆弧滑动是最不利的滑动破裂面。采用破裂角法计算稳定性小于圆弧滑动稳定性，实际上是参数取值不同造成的假象，比如圆弧滑动采用岩石抗剪强度，破裂角法计算采用等效内摩擦角。

均质地层为单一的圆弧滑动破坏；而强度不同的多层土，其各层土内部最不利滑面理论上亦为圆弧形切层破坏，土层交界部位为圆弧转折、破裂面交接带，当两种土层抗剪强度差异较大时，圆弧的半径差异较大，两圆弧组合起来可能类似于折线滑动（图 12-3）；存在厚度较小的软弱层（带）时，相对而言，其上覆地层不易剪坏，沿软弱层的大圆弧则近似直线滑动，其折线或直线滑动趋势十分显著，就可以采用直线或折线滑动模式辅助分析（图 12-4）。

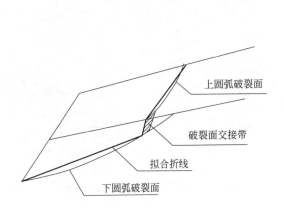

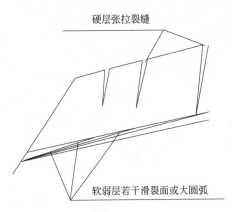

图 12-3　不同土层圆弧破裂面组合　　　　　图 12-4　薄层软弱带的直线滑动
　　　　后拟合为折线滑动的模型图

事实上，非均质的土体除了上述的不同性质的土层之外，同一层土体内部也存在不同性质的区域，导致实际土体抗剪强度变得十分复杂，图 12-5 为局部刚性颗粒分布于圆弧滑动造成阻滑的情况，滑面可能产生局部破裂面交接带、滑裂面重新形成新的圆弧滑裂面，最终如果刚性颗粒足够大，就形成了多层土的结构，形成如图 12-3 和图 12-4 所示宏观上的折线和直线滑动模式。所以硬颗粒的存在，会导致滑裂面面积的增加或局部坡度变化等情况，在原最不利的滑裂面上增加了阻力，导致边坡稳定性增加。

了解了单个刚性颗粒对滑裂面的影响，下面来看看多个刚性颗粒的影响，如果刚性颗粒不足够大，滑裂面就会对局部刚性小颗粒产生绕行（图 12-6），但宏观上仍是圆弧形的滑面，而且绕行轨迹不偏离理论的圆弧滑裂面，这个模型实际上可适用于碎石、破碎岩体和强风化岩体。

岩质边坡强度高，完整的岩质边坡不容易产生圆弧面的切割岩体破坏，所以大多数人，包括规范都没有要求对较完整的岩质边坡进行圆弧滑动验算，达不到一定高度（如100m 以上）时，不容易产生切割岩体破坏（图 12-7）。问题是真正完整岩体的边坡很少，针对破碎、较破碎的岩体，抗剪强度需要进行适度折减，在不能保证岩体强度足够的情况下，高岩质边坡采用圆弧滑动复核稳定性是必要的。多裂隙切割的碎裂和块裂状岩质边坡的破坏模式，实际上已经跟碎石土一样了，产生圆弧绕行破坏；层状结构的岩体，可以回到厚度较小的软弱层模式（图 12-4），实际上就是直线滑动。多裂隙切割的岩体，位于隧道或坡面附近的块体稳定性，宜补充棱形体滑动稳定性分析。

综上所述，圆弧滑动式是边坡分析的基本模式（滑坡并非如此），多层土的圆弧

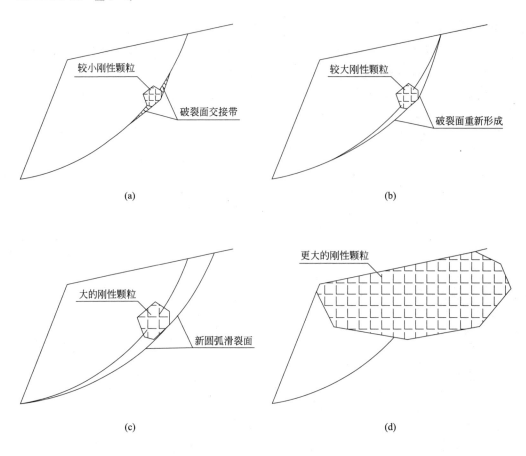

图 12-5　颗粒或不均匀结构对土层内部滑裂面的影响

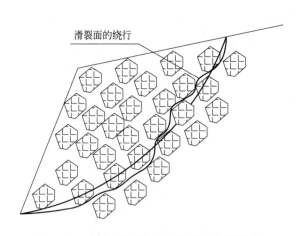

图 12-6　碎石土模型（多个刚性颗粒的影响）

滑动存在滑裂面的交接情况，计算相对复杂，但采用软件搜索计算最不利滑面，其计算简便而较准确，是值得推荐的。虽然宏观上可能类似于折线或直线滑动，但圆弧搜索模式所寻轨迹偏差不大。但居于圆弧滑动搜索的滑动面目前的计算软件可能存在一定的局限性，当分层明显或有软弱层带发育时，采用折线滑动模式或直线滑动模式进一步复核计算是必要的。

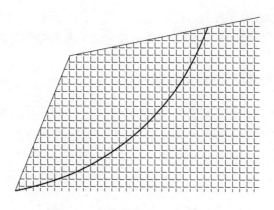

图 12-7　完整岩质边坡（整体刚性）

5. 下部软弱土或裂隙的破坏

当层面倾角较缓时，即使存在软弱夹层，也被认为是不会破坏的，比如内摩擦角为 $12°$，岩层倾角为 $6°$，但如果按照库仑强度准则，只要边坡达到一定的高度，大于软弱层的无侧限抗压强度时（或 $\sigma_3=0$，$\sigma_1>2c/\tan(45°-\varphi/2)$ 时），土体局部会产生压致破裂（图 12-8）。前沿局部产生破坏后，破坏范围将逐渐扩大，产生牵引式破坏，最终导致边坡失稳。

值得注意的是，岩质边坡顶板的拉张裂隙普遍发育，我们通常觉得抗剪强度很高的上部硬质岩体，在下部软质岩微小变形作用下即发生了破坏，实验室提供的理论抗剪强度是需要大打折扣的。

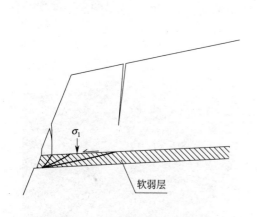

图 12-8　压致破坏牵引式滑动

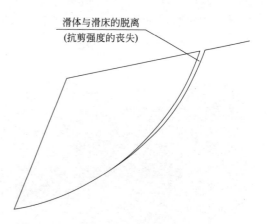

图 12-9　抗剪强度的丧失

6. 拉张与抗剪强度的局部丧失

高岩质边坡的破坏很多是先拉张、再沿软弱层带剪切破坏，拉张后的裂隙面实际上是互相脱离的,滑体与滑床不接触,所以不产生抗剪作用(图12-9)。土质和破碎岩体圆弧滑动模型形成滑裂面后,后部也存在此类抗剪强度的丧失情况。所以计算式从后部到前沿都考虑完整的抗剪作用,从某种意义上来说是存在不安全因素的。

7. 岩质边坡的崩裂和时间风险

与土质边坡相比,岩质边坡有着一些特殊性,因为抗剪强度难以准确确定,在大多数情况下,岩质边坡也只能是"拍脑袋工程",规范及大多数工程师都普遍认定岩质的抗剪强度肯定是很高的,所以坡率过缓就难以获得认可,而一些岩体较差的岩质边坡稳定性可能还不如碎石土,所以岩质边坡垮不垮有时候可能就是"运气工程"了。

下面介绍岩质边坡的裂隙风险和时间风险。

裂隙风险:岩质边坡微张或闭合的裂隙,在地下水、温度等作用之下,能够快速张裂,尤其是坡面附近的岩体,开挖数日后可能会变得尤其松散(图12-10、图12-11),我们可以夸张点说,岩质边坡的暴露裂隙存在"崩裂"或"爆裂"效应,不暴露的岩体,当地下水渗入时也会产生如此效应,这是岩质边坡普遍存在的一个较大风险。有人说是结构面附近泥膜或局部强风化含泥量增加,造成的泥质膨胀效应,但单纯的碎散作用,或阳光暴晒作用下的"热胀冷缩"作用也能造成明显的破坏。

时间风险:土在压应力作用下越来越紧密,工程上称为"固结";但岩质边坡的岩体却是随着时间越来越松散,较陡峭的岩质边坡,近期内裂隙逐渐拉张,数月后可能形成互相支撑的独立块体,数年后逐渐坍塌破坏。有人说许多岩质边坡都能形成悬崖峭壁,稳定性好得很,其实他们应该去研究那些悬崖峭壁是什么类型的岩体。事实上,只有泥质含量少、结晶程度很好的坚硬岩石才会形成稳定的悬崖峭壁,大部分的碎屑岩和含泥质的岩体,即便有些临时的悬崖峭壁,其下方也有大量的崩塌堆积物存在,证明了陡峭的岩质边坡是有苛刻的结晶要求的。

图 12-10 住宅楼楼后崩塌频发的岩质边坡

图 12-11 中风化灰岩的崩裂及碎散化

8. 稳定性分析的层次

地勘报告中的稳定性可以分为两个层次：

第一个层次（确定结论）：只是为了确定是否稳定和是否需要进行支护处理，简言之就是以确定边坡是"稳定"还是"不稳定"为基本目标，确定结论为"稳定"的前提是所有工况、所有模式、所有可能性都全面考虑的前提下是稳定的，而确定结论为"不稳定"则相对简单，在某种工况下的某种模式下为不稳定，则结论即为不稳定；

第二层次（不稳定因素剖析）：不仅要知道边坡稳定性的基本结论，尚需明确各种不稳定的情况，比如整体稳定和局部稳定性都需要明确、一般工况和特殊工况的稳定性都需要明确。这样的结论对治理的意义是：在整体稳定性治理的前提下，是否需要进行局部治理；在边坡治理的同时，进行特殊因素的控制是否有利于边坡的稳定。

其实很多时候，地勘报告只需提供第一层次的结论即可，而边坡支护设计时必须满足各种工况的稳定，且应进行一些不利因素的控制（如截、排水等）。

9. 边坡的分段及评价的一些原则

一些勘察报告对边坡的评价是"整个场地的边坡高度是 0～30m⋯⋯"，0m 与 30m 的边坡能同日而语吗？场地每栋建筑物都有不同的边坡特征，稳定性情况各不相同，可能采用的支护措施也各不相同，一句话代表所有的边坡，这是不负责任的。边坡分段应顾及以下因素：

（1）高度及稳定性状况不同，应分段；

（2）地质条件、边界条件和危害等级不同，应分段；

（3）适用的支护措施不同，应分段。

总体而言，尽量做到每一段都有一定的特点，处理方法可能不尽一致，设计和施工单位能够明确其影响，根据轻重缓急情况，采取更为合理的处理建议。

边坡评价也应有一定的精度和合理性，有些报告针对高度 5～15m 的一段边坡，仅选取高度为 5.5m 的断面分析稳定性，是有失偏颇的。一般而言，高度小、地质条件好的边坡不稳定时，可以代表高度大、地质条件差的边坡也不稳定；反过来，高度小、地质条件好的边坡是稳定性，并不能代表高度大、地质条件差的边坡也稳定。道理实际上人人都懂，但遇到实际问题，布置实际剖面和进行稳定性分析的时候，就不管不顾，胡乱找个剖面分析一下应付过程审查。

练习题：

1. 边坡破坏的基本模式是什么？

2. 场地及附近存在地质问题时，相关问题应由以下哪个单位提出？

（A 勘察单位；B 设计单位；C 建设单位；D 监理单位）

3. （思考）固结快剪试验对边坡分析的适用性？

第 13 篇　顺层高边坡的特点及分析研究

1. 概述

随着经济技术的发展，国家建设的全面铺开，建筑规模越来越大，为充分利用有限的土地资源，对场地的挖填活动越来越多，山区的建筑边坡随处可见，顺层坡问题也受到越来越多的关注。但一些缺少外业经验的学者和工程师，偏重于理论分析和数据研究，不能有效把握岩土工程的特殊信息，分析问题时往往本末倒置，得不出正确结论，受一些实例的影响，笔者试图就此问题展开一些思路。

2. 岩质顺层高边坡的基本特点

（1）下滑力巨大

因为岩体本身重度大，边坡较高时，必然产生巨大的下滑力。

岩体重度一般为 $25\sim30\mathrm{kN/m^3}$，开挖高度为 20m 的边坡，假设岩层倾角与原始坡率一致，则滑体厚度亦为 20m，且往往延伸至坡顶，滑坡长度就可达 100m 以上，每米重量达到 50000kN，假设临界状态其下滑力＝抗滑力＝28000kN，那么安全系数提高到 1.35 时，下滑力为 $0.35\times28000＝9800\mathrm{kN/m}$，产生的下滑力巨大。

（2）破裂面埋深大

陡倾的顺层坡，其削坡工程量不大，容易支护，所以工程中让人棘手的往往是岩层倾角较缓的顺层坡，比如 $10°\sim30°$，因为破裂面埋深大，所以采用锚索时，其自由段长度往往很长，比如上例，超过了 20m。

（3）支护难度大

由于下滑力巨大、破裂面埋深大，所以采用抗滑桩时，下滑力力臂大，产生的弯矩很大；采用锚索时，需要很长的自由段，支护难度自然就很大，支护费用往往超出其他类型的边坡。

（4）破坏时间短、危害巨大

许多顺层岩质边坡具有破坏时间短的特点，破裂面贯通后，因为下滑力巨大，缓冲的可能性小，所以往往会在 1h 内甚至 10min 内完全破坏，将前方村庄、房舍尽数毁灭或淹没，居民毫无撤离时间，预警效果也较小。

（5）参数取值的不确定性

对于岩块或土体，我们可以通过室内试验获得其抗剪参数，但层面的参数具有某

68

些不确定性，比如层面贯通性、填充特点、不接触的空隙、胶结情况等，单点的试验是不能代表整个层面的特点，按规范经验查表或试验获得的数据都不一定符合实际情况。工程师的主观性和工作的细致性都影响参数的准确性。

（6）稳定性状态的不确定性

由于参数的不确定性，其稳定性状态也具有不确定性。

稳定性状态不仅跟时间有关系，还跟环境有关系，比如与温度变化、雨水、地震、附近场地施工振动都有较大关系。

3. 一些问题

（1）盲目相信规范

有些人分析问题时，盲目相信规范的经验参数，不顾现实。比如《建筑边坡工程技术规范》GB 50330—2013 表 4.3.1 中，硬质结构面参数最小值 $c = 50\text{kPa}$、$\varphi = 18°$，有些工程师遇到硬质结构面就采用这个值进行设计，认为自己是按最保守的取值设计，所以肯定不会出问题。但往往设计出来的边坡垮塌了，这时候就归咎于规范错误，不承认是自己的问题。细心的读者就会发现，规范规定的是初设时根据这个表格和工程经验确定参数。当遇到光滑平直的层面时，虽然是硬接触，但摩擦系数很小，如果还用这个参数，那就是没有依据"工程经验"取值，单纯使用规范表格。

还有些人认为规范没有规定考虑施工振动的影响，那么不考虑施工振动的影响是符合规范的，即使边坡在施工振动作用下发生了层面脱壳、滑坡也可以不管它。这种做法也是不合理的。

我们要遵循规范，但不要受限于规范。有些不利因素，虽然不是规范明文规定的，但并没有与规范产生冲突，这种因素如果确实存在，而且影响明显，我们应该考虑。

（2）盲目相信权威、公式和数据

与盲目相信规范类似，一些缺少勘察知识的岩土设计人员，往往对理论公式、专家和试验数据特别信任，反复验算、复核，始终找不到问题所在，不重视客观实体的调查和研究。

其实任何现实的东西都具有特殊性，不能完全用某种理论和经验来套用。比如对边坡的分析，不管以多少专家、多少实验室、多少理论公式的权威作为基础，一旦与现实不符，必须向现实屈服。并不是说专家不对、试验数据不对、理论公式不对，而是勘察报告可能对边坡的某种特殊条件存在隐瞒或忽视。

（3）临时维稳的支护模式

顺层坡的支护工作往往是许多单位头疼的问题，以至于一些工程师也不得不回避支护，观其边坡现状临时性处于临界稳定状态，就希望通过护面、防水等措施维护其稳定状态。因为岩质边坡本身具有参数不确定性和稳定状态不确定性的特点，所以其做法本身貌似也能自圆其说，很难有人能将它驳倒。

比如一些边坡，按设计坡率开挖时，多处不断发生滑坡，设计单位仅要求将滑坡体清除，整个边坡按原设计进行护面处理，完工后整体稳定性良好，竣工验收时亦无人提出异议，且报告中均未提到开挖过程多处发生过滑坡的现象，资料的完整性是没问题的。

实际上这种做法如果在非人类密集活动区域时尚可，否则可能会预留隐患，影响居住区人民的生命和财产安全。首先，滑体清除后其现状稳定性固然是达到了临界状态以上，但是否达到规范的安全系数未可知；其次，未发生滑动的区域是否会滑动，也未进行论证。正确的做法应该是加强勘察和调查，重新分析滑坡段与未滑动段的地质特征是否存在实质性差异，并重新论证设计参数。

4. 岩质顺层高边坡分析研究的基本方法

（1）层面特征是关键

层面一般是较为平直的，起伏小，大部分情况我们可不必考虑其起伏影响；其次，层厚影响的是整体岩体的性质，对层面或顺层滑动本身的影响也不是关键因素；最后，层面一般贯通性都好，也不是我们关注的重点。所以我们现场应关注的特征是倾角、接触和胶结情况。

第一，我们应区分层面是闭合还是张开，我们更关注的是张开的层面。

第二，张开的层面基本特征分为无充填、泥质充填、覆膜、光滑、胶结等多种情况。

① 光滑层面，如果完全临空，非水平岩层肯定不稳定。

② 无充填的层面，就相当于临空块体，肯定不稳定。

③ 泥质充填、覆膜或胶结的层面，稳定性受介质的影响。

必须指出的是，可能判断不稳定的岩体并未滑动，也可能判断稳定的岩体产生了滑动，但别怀疑以上判断公式，不是它的错误，而是大自然都有特殊性。比如外观为无充填的光滑层面，可能有局部支撑或胶结，但并没有看到；外观为闭合或胶结的层面，可能内部空虚或在施工振动作用下脱离了，就产生了滑坡，这些都是正常的，信息随着时间和环境随时变化，工程师不仅需要对局部进行勘察，更应该更为广泛和全面地了解其层面特征；不仅需要对现状进行详细调查，还需要对工况和环境变化进行尽可能全面的预测。

岩层面可能不是 100％充填、100％胶结、100％张开或闭合。若能查明 80％的层面特征，已经很了不起了，所以数据如果存在 20％甚至更大的误差，都很正常。但一些严谨的理论工作者就完全不能理解，明明看到的是良好胶结，为什么稳定性不良好；为什么看到的是光滑层面，却没有滑动，如图 13-1 所示。

（2）工程类比

工程类比分析是边坡分析中很重要的一种分析方法。工程类比不仅要找相同点，寻找不同点也同样重要。比如：

① 不同边坡的比较：某边坡滑坡了，我们的边坡为什么没发生滑动？

② 不同时间的比较：某边坡为什么 15 年后突然发生了滑坡？

③ 局部与整体比较：为什么较矮的部位发生了滑坡，较高的地方却稳定？

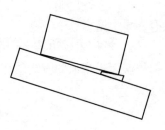

图 13-1　局部块体的楔子作用

那么类比的结果可能是：

① 发生滑坡的位置岩体更破碎；

② 发生滑坡的位置受地下水影响；

③ 发生滑坡的位置坡率没按设计要求；

④ 发生滑坡的原因是边坡岩层强度随时间降低导致的；

……

于是我们就知道了什么样的岩体会发生滑坡，什么样的岩体不太容易发生滑坡；地下水可能影响到稳定性；什么坡率会发生滑坡，什么坡率不太容易滑坡；什么岩体容易风化，需要折减或采取防风化保护措施。

工程类比的结果使我们知道什么情况容易发生滑坡，什么情况下比较稳定，更能精准确定边坡的稳定状态，合理选用计算参数。

（3）定性分析与定量分析

一些设计人员可能更重视理论研究，经常问及一些问题：

1）岩体抗剪强度与等效内摩擦角计算的稳定性不一致时，以哪个为准？

2）为什么按试验数据定量计算的结果与现实不符，试验和计算完全不靠谱？

3）理论计算结果存在与现实不符的现象，所以理论有问题？

首先，回答第一个问题，肯定是以现实为准。现实怎么来的？定性判断来的，参见工程类比中地质条件类比分析。

其次，合理的参数应达到以下要求：岩体抗剪强度计算的稳定性＝等效内摩擦计算的稳定性＝实际边坡的稳定状态。我们关注的不是稳定的边坡，对稳定性不足的边坡，按以下两点展开分析：

① 现场不稳定的边坡，稳定性计算结果不能大于 1；

② 局部不稳定但总体未滑动的边坡，稳定性系数应在临界值附近。

我们根据规范查取的参数和实验室提供的参数，如果达不到这两点要求，应进一步调查研究，进行试验数据不合理的原因分析，参数折减或反算核定。

最后，与定性分析结论相统一的定量计算参数，才能用于支护结构的设计计算。之所以提这么一条看似多余的说明，其实是大量设计人员容易犯的问题。缺少勘察经验和外业认识，偏于严谨理论分析型的设计人员，他们拿到试验数据并按相关规定进行修正，或者直接按相关规范或手册查取经验值后就盲目使用，不顾现实状况。

（4）破坏模式拓展、全面分析、避免百密一疏

其实，很多岩土工程问题往往比理论复杂得多，如果不拓展思维，可能会发生一

些常人认为不可能发生的匪夷所思的事故。比如以下一些模式，可能发生的时候就会有人想不通：

1）顺层岩质边坡不一定是单一层面控制，较破碎的顺层岩质边坡也常常发生类似于圆弧形滑面的折线破坏模型，如图 13-2 所示。

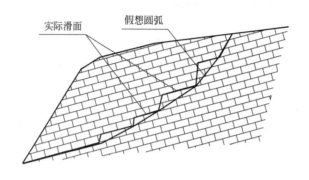

实际滑面   假想圆弧

图 13-2 顺层边坡发生类似于圆弧形的折线滑动

2）压剪破坏与拉剪破坏

有人说，实际大部分岩质边坡的破坏模式并不是纯平推直剪破坏，更多的是压剪和拉剪破坏。

一些抗剪强度较高的岩体，在较大压力作用下剪切破坏，类似于三轴试验中 $\sigma_2 = \sigma_3 = 0$ 的情况，即 $\sigma_3 = \sigma_1 \tan^2 (45° - \varphi/2) - 2c \tan (45° - \varphi/2) = 0$，当 $\sigma_1 = \gamma H > 2c / \tan (45° - \varphi/2)$ 时，尽管层面内摩擦角大于层面倾角，边坡也会产生压剪破坏。假设 $\gamma = 28 \text{kN/m}^3$、$c = 50 \text{kPa}$，$\varphi = 20°$，计算得极限高度仅为 $H = 5.1\text{m}$，高度较大时就会打破"水平岩层不会滑动"的传说。

图 13-3 边坡压致剪出

图 13-3 是贵阳市某建筑边坡，高 30m，岩体为较硬的泥质白云岩，岩层倾角为 11°，有的专家认为硬质岩体的层面内摩擦角大于 11°，边坡稳定性好。实际该边坡按约 70°坡率开挖后，边坡中部发生了鼓胀，坡脚产生了 1.2m 移位，因前方为高层建筑已基本封顶，为保护附近建筑物和街道，立即对该边坡采取抢险措施，从两侧对边坡进行卸载处理。

实际上压剪破坏很多时候是因为岩体较破碎，存在诸多拉裂缝，其初始破裂面较类似于图 13-2 的形状，有些时候可能层面充填物、软质岩石在重力作用下会产生压致破坏，层面物质的抗压强度可能会起到主控因素，此时不宜单独采用抗剪计算作为唯一的分析手法。

前沿部分较差的岩体变形、松弛或坍塌，导致 1/3 或更多的层面失去摩擦力作用，导致块体整体滑移的情况，称之为拉剪（图 13-4）。

3）侧限作用

凹面和凸面的顺层边坡，实际稳定状态往往相差甚远。三面甚至是四面无限制的孤立山头，如果存在顺向边坡，即便是实验室给出的抗剪强度较大，计算结果稳定，也是需要十分警惕的，如果不能顺层开挖，也需要尽可能放坡后支护，并应在开挖过程中不断观测和修改方案。

（5）稳定性系数是应该保证的

有些人不太理解，边坡稳定就行了，把稳定性系数提高到 1.2、1.35，劳民伤财，有那个必要吗？

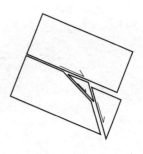

图 13-4　拉剪破坏

我们应明白什么是临界状态。就是下滑坡=抗滑力，我们不考虑参数取值的保险性因素，就相当于一个天平，只要在天平的下滑力一侧施加一碗水的重量，滑坡就滑动了。夸张点说，没有安全性保障的边坡，可能会在一阵风或者一阵歌声中就发生了滑坡。

影响边坡稳定性的因素如水压力、振动、温度等，不仅存在一定的偶然性，而且岩质边坡稳定性随时间逐渐降低也是一种必然性。

（6）处理方案首选放坡、加强防排水和监测相结合

大型顺层岩质边坡因为具有高度大、推力大、支护困难等特点，所以首选的处理方案就是放坡，在尽量放坡的基础上适当支护。同时为防止地下水沿层面产生"鼓胀"作用，防排水是一项必备措施；其次，鉴于顺层坡的危害大，所以长期监测也是很有必要的。

5. 结语

边坡问题不是只靠书本、规范和实验室就能解决的，岩土工作者不仅需要收集和分析已有资料和数据，更重要的是把握现场瞬息万变的信息特征，不仅需要扎实的理论基础和一定的计算能力，更需要有丰富的现场勘察经验，才能更懂得如何正确取用参数。

练习题：

1. 为什么岩层面参数取值具有较大的不确定性？
2. 与什么相统一的计算参数，才能用于支护结构的设计计算？

第 14 篇　滑坡勘察

1. 社会经济分析

　　单纯的滑坡作为一种地质灾害，在勘察时需要分析滑坡可能造成的社会经济损失，并与滑坡治理的费用进行比较，确定滑坡整治的必要性。对非人类活动密集地区的滑坡，可以不进行详尽的工作；采用避让措施相对更经济合理时，应提供避让措施。

　　但建筑场地上的滑坡，大多数不需要进行社会经济方面的分析，因为多数建筑场地，都是甲方下定决心进行治理和利用的场地，所以地基勘察报告中的滑坡勘察和设计，都较少进行社会经济方面的损失分析，但如果可能影响较大时，还是建议补充该部分内容。

2. 滑坡的发生过程和发展史

　　发生过程和发展历史的研究对确定滑坡的滑动机制、影响因素和分析滑坡的稳定性和危害都具有重要的参考价值（表 14-1）。

滑坡滑动历史及其参考意义　　　　　　　　　　　　　　　　表 14-1

滑坡发生的时间及季节	若发生于雨期,便可推测雨水可能为重要触发因素
滑坡变形范围	随时间的推移,变形边界可能难以查找,通过对滑坡曾经发生的变形边界访问,有利于查清滑坡的变形边界和滑坡规模
滑坡过程或速度	对分析滑坡滑动机制有一定参考意义
滑坡曾经发生的危害	若非调查发现历史,可能认识不到滑坡前沿的位置和危害
滑坡发生前的地形特征	可以采用反演法计算滑面的抗剪强度

3. 滑坡的变形特征

　　滑坡的变形特征（表 14-2）是确定滑坡的依据，是分析滑坡稳定性、进行抗剪强度取值和进行滑坡治理投资的重要参考。

　　滑面尚未贯通时，它可能只是局部在变形的边坡，不一定非要采用抗剪强度的残余值；如果只是局部坍塌或变形，可能对局部进行整治便能抑制其继续发展。

　　滑坡的变形特征主要为地貌特征、植被情况、裂缝和周边建设工程的破坏情况。

滑坡一些变形特征列举　　　　　　　　　　　　　表 14-2

地貌特征	前沿的滑坡鼓丘、滑坡舌	滑坡向前移动形成的地形
	中部的滑坡平台或错台	滑坡前移动或向下滑动形成的分级地块
	后缘错台	滑坡后缘与未滑坡块体的相对错动距离
植被情况	马刀树、醉汉林	滑坡移动导致地表植被斜歪
裂缝	裂缝的延伸方向和范围	推测滑坡的滑动方向和平面分布
	裂缝的发育深度	推测滑坡的厚度
	裂缝的宽度	推测局部滑块的相对移动距离
周边建设工程	墙体的相对位移 道路或沟渠破坏情况	对分析滑坡及其影响范围有重要参考意义
水文特征	可能会在前沿剪出口渗出	推测滑坡前沿,对分析滑坡规模具有参考意义

4. 滑坡的规模特征

　　可能的变形边界和滑面位置是确定滑坡规模特征的两个关键信息,常规手段需要通过调查及实测确定滑坡的变形边界,再辅以钻探等手段确定滑面的位置、确定滑坡的厚度,但多数情况滑坡的边界特征和滑面位置不太清晰,我们需要通过访问、槽探、物探等多种手段辅助分析,以免判断失误,导致计算的下滑力及滑坡体积偏小,必要时可辅以合理推测。滑坡钻探必须控制回次进尺,滑面附近岩芯采取率应控制在90%以上,并应辅以声波或井下电视等物探手段。

　　初步勘察或勘察方案阶段,滑坡体积可用"长×宽×厚"进行粗略估算,长度较大的滑坡纵向多呈长条状,但横向可能是新月形或较为不规则,该方式估算误差可能较大。详勘应采用三维建模或剖面图辅助计算滑坡体积。滑坡的纵、横向剖面形状是论证滑坡治理方案是否可行的重要参考,对投资预算也具有重要参考意义。

5. 滑坡各部分的物质组成及其参数

　　如表 14-3 所示,需查明滑坡体、滑面和滑床的基本岩土特征,通过试验分析确定其物理力学参数。重点分析滑面的状态、各种工况的滑动可能和影响因素,同时分析沿滑体内或下部滑床发展成新滑坡的可能。

　　各部分重度和抗剪强度均应采用试验确定,并通过现场观测和反分析等方式进行验证,必须做到定量分析和定性判断基本一致,理论与实际相统一,其参数才具有可用性。

滑坡各部分的一些重要参数　　　　　　　　　　表 14-3

滑坡体	重度	确定滑体重量、计算滑坡剩余下滑力
	抗剪强度	综合分析滑坡稳定性、下滑力和确定支挡结构的设置
	渗透性	对地下水浸润的预测,确定采用水土合算或分算

续表

滑面	重度	分析计算
	抗剪强度	为滑坡勘察中最重要的一项指标,根据具体情况采用天然强度或饱和强度、固结或非固结强度,并通过反算论证
	渗透性	确定地下水作用或计算模式
滑床	重度	分析是否可能产生深层滑动
	抗剪强度	分析是否可能产生深层滑动
	渗透性	分析地下水的可能影响

6. 滑坡的稳定性分析和发展趋势

滑面的折线滑动计算:前面说过,圆弧滑动模式是边坡破坏的基本模式,但滑坡却不同,滑面一旦形成,就已成为一条固定的滑裂带,就不能再随意搜索不存在的滑面而采用滑面参数去计算。所以存在软弱滑面(带)的滑坡体,一般为折线(含直线)滑动,即便是圆弧形的滑裂带,也建议沿滑裂带划分为若干折线段,按折线滑动模式进行分段计算。所以一旦查明滑面位置,折线滑动的计算方法是滑坡计算的基本模式。

其他滑面的稳定性分析:存在其他软弱层(带)时,虽然并非本次滑动的滑移面,但仍需复核沿其软弱层(带)滑动的稳定性,既有软弱层(带)的滑动,仍采用折线滑动计算。

边坡的稳定性分析:除考虑沿滑面和其他软弱层带滑动的稳定性外,尚应按普通边坡进行稳定性复核计算,一般可采用软件按圆弧滑动模式搜索最不利滑面进行计算。

滑坡的发展趋势:在分析滑动历史、现状稳定性的基础上,通过滑坡地形特征,分析滑坡的发展趋势,滑坡发展趋势尤其注意分析是否可能因牵引或推力作用造成滑坡规模扩大或影响范围扩大,发展趋势的分析也为滑坡治理提供一些参考(表14-4)。

滑坡发展趋势预测的一些参考情况   表14-4

基本情况	发展趋势预测	参考治理方案
滑体自行压脚;现状基本稳定,地形特征有利阻滑	基本稳定	监测为主
现状总体稳定、局部滑塌,地形有利阻滑	总体基本稳定	局部整治
现状处于蠕滑状态,地形有利阻滑	可能趋于稳定	根据危害情况进行整治;危害小时,可采取监测措施
现在基本稳定,无有效阻滑作用	雨期或扰动可能复活	可能造成危害时需进行整治
现状基本稳定,但滑坡复活可能牵引,扩大规模	滑坡规模可能扩大	应进行专项治理
现状蠕滑状态,无有效阻滑地形	不稳定	专项整治
现状蠕滑,可能扩大规模及危害	不稳定	专项整治势在必行

7. 滑坡的危害

任何地质体和不良地质的评价，均不应遗漏危害分析，危害分析是论证治理必要性的基本条件，无危害时，进行高额的治理投资没有必要。

滑坡的危害包括前方可能造成的冲击、掩埋和后方可能造成的开裂、变形、滑塌破坏。危害范围受地形条件的限制，前方或后方地形陡峭，存在高陡边坡时，危害范围可能更远，在沟谷和雨水作用下，形成泥石流或泥水流，甚至可能威胁到远方的村庄。

如果只是块体的运动造成局部危害，可能只需采取一些拦石措施便可抑制危害，就不必对滑坡体本身进行全面支挡。

8. 滑坡的治理建议

根据滑坡触发条件和因素、滑坡规模及形状特征、滑坡发展趋势、滑坡可能造成的危害对象和危害方式，提出有针对性的合理治理建议。

有卸载和压脚条件时，优先采用卸载或压脚处理；主要为地下水作用触发滑坡，且能有效控制地下水时，可采取地下水疏排措施；土质滑坡稳定性差时支护措施建议优先选用抗滑桩或重力式挡土墙，可进行分级治理。

9. 其他

岩土工程分析应做到全面完整，不应顾此失彼。滑坡勘察时，我们不仅需要计算既有滑面的稳定性，还需要查明既有滑面以外的地层特点，有没有沿其他位置滑动的可能，除了既有的触发因素之外，有没有其他大概率的触发因素存在。举一个例子：某主干线路的隧道施工至 50m 附近时，因地层破碎，开挖后山体压力导致隧道支护系统失效，顶拱发生塌陷，进而引发山体向隧道进口方向发生滑坡。勘察单位进行了滑坡勘察，并设计了沿轴线反向的支护方案，但支护方案尚未实施，滑坡方向发生了偏转，转而向隧道右侧滑动，勘察单位原先分析的位置已经不是后期滑坡主滑方向的位置，一时间慌了手脚，不知道资料该如何调整。实际上，我们做滑坡勘察时，应全面调查滑坡附近的临空面和岩土特征，对具有临空面的所有可能滑动的方向都应进行勘察和分析，不限于既有滑面的稳定性分析。

练习题：

1. 为什么折线滑动的计算方法是滑坡计算的基本模式？

2. 滑坡一般包括哪三个部分，各部分的重要参数都有哪些？

第15篇　岩溶勘察

1. 岩溶地基的基本特点

　　持力层埋深、溶洞的空间分布具有较大的不确定性，是岩溶地基的基本特点。相邻较近的钻孔，持力层标高可能差异较大或持力层内部岩溶情况大不相同，所以必须将钻孔布置于基础（或柱位）之下，其上覆土层可能存在局部软塑、裂隙或土洞，在地下水作用下容易发生塌陷。从宏观上来说，岩溶洞隙容易沿构造裂隙、断裂带发育，且灰岩厚度大、纯度高时，岩溶发育规模越大，但就某种固定地层的场地内，哪些地方具有溶洞、哪些地方不发育溶洞，则是很难确定的。

　　对于是否有必要按岩面起伏划分岩溶发育程度，从勘察或勘探布置的角度出发，如果影响持力层埋深的预判，必须在基础之下布置钻孔方可确认持力层位置时，即便不按岩溶场地，也应按复杂地基考虑。

2. 岩溶地基的差异风化

　　风化囊本身具有一定的力学强度，从力学分析上可能没有溶洞那么差，所以常常不被重视。实际上硬质岩石地基上的单个基础或者单根桩，大多承受着较高的荷载，要求地基强度高、变形小，不似土质地基多采用多桩-承台复合基础形式，单根桩未必起到关键性作用，可以说，岩石地基每一个基础下的地基情况都有严苛的要求。

　　差异风化现象，因其勘察难度比溶洞大，实际隐患上不比溶洞小。一些中风化岩体，其内部结构具有一定风化影响，在高速钻探作用下取芯十分困难，可能采取的岩芯只是一些碎块，甚至只是一些砂、砾状的东西，单靠钻探难以查清地层的差异风化特征。由于目前的勘探单价越来越低，除了免费但适用范围有限的声波测井之外，在非事故场地，其他物探方法几乎都不被采纳。所以差异风化特征，有时就单凭"钻探感觉"，至于可靠性，就全靠运气了，出问题自然是难免的。贵州龙里县的一些地方，勘察单位划分为中风化灰岩，施工单位开挖时岩体却很软弱，数十米都是全、强风化，最终不得不停工两个月，重新勘察和论证基础方案；福泉县某工地也遇到过在"中风化"地层中打锚索，因地层软弱，根本提供不了锚固力的情况。

3. 表生岩溶现象的调查

　　表生岩溶现象的调查分析对溶洞发育规律、确定主控裂隙具有一定参考意义，对总体岩溶发育程度也有一个初步的判断。表生岩溶现象主要有岩溶洼地、溶槽/石芽、溶洞等，主要调查其形状、量测其半径、发育方向和深度，根据溶洞与场地的位置关系，分析其对场地的影响。特别需要注意的是地势较低的场地，溶洞内是否有季节性洪水爆发，通过地势分析、访问周边居民和调查洞口以下沟谷冲蚀特点来进行评价如图 15-1 所示为容易爆发季节性洪水的地形。

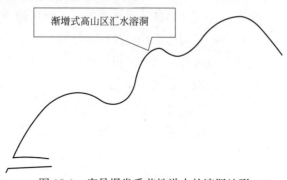

渐增式高山区汇水溶洞

图 15-1　容易爆发季节性洪水的溶洞地形

4. 岩溶地基的勘探

岩溶地基的勘察一般需要在调查研究的基础上，布置钻探和物探等综合勘探手段，查明岩溶地基的基本特征，提出相关的处理建议。

（1）钻探的一些问题

详勘阶段溶洞的勘探一般是针对各个基础，查明基础底面以下是否有溶洞发育，目前最直接、有效而且经济性较好的方法仍然是钻孔，钻探也是为各方面都接受的基本方法。通过钻探查明溶洞的纵向发育尺寸、洞顶岩体的完整性，分析洞顶是否可能产生坍塌，洞顶不易坍塌的较完整岩体厚度，是否可利用洞顶作基础的持力层。

理论上可能采用洞顶作持力层，或溶洞可能向深部发育时，需要进行必要的岩溶圈孔勘察，必要时需在溶洞顶板进行静载试验。顶板的抗压和抗弯等计算看起来很简单，但溶洞的具体特征是很难查清的，对单个溶洞进行大量钻探和静载试验，可能经济性和可靠性不如直接揭穿溶洞，而溶洞顶板是否有贯通裂隙、是否发育塌落带或弯曲带，不易查清。重要建筑物建议尽量考虑揭穿溶洞强烈发育标高段、利用底板作持力层，除非采用桩-承台复合基础。

一般要求勘察报告中需统计溶洞尺寸、发育标高、顶板完整基岩的厚度（可用持力层厚度）、充填情况，评价顶板的稳定性，最后提出处理建议。处理建议主要为揭穿溶洞、采用顶板为持力层但需要进行载荷试验或对溶洞进行灌填、采用顶板为持力层具有足够厚度不需进行特殊处理等。

由于单个钻孔通常不能完全查清地基岩溶发育情况，所以岩溶发育强烈的地基，许多时候需要适当补充勘察或施工勘察，在施工阶段适当补充钻探或钎探。

（2）物探

物探不仅能够提供点状特点，一些物探也能提供一些面状解译，大部分物探方法能够反映地层的综合性质（比如风化囊和裂隙带），所以一定程度上能弥补钻探的不足。但是一些常用的物探工作也存在许多不足，导致无法普及。

大地电磁法：理论上其适用范畴广、解译明确，但实际上较大型的溶洞都难以解释清楚，其精度有点让人叹息。

声波测井：方法很好，经济实惠，也得到了大量的推荐，规范也做了明确的要求，但要求孔内有地下水，大多数岩溶场地漏水严重，无法进行声波测试。还有一个瓶颈就是大多数较破碎岩体钻孔容易造成孔内掉块和堵塞，越是破碎需要测试的钻孔就越难以测试。所以声波测井执行起来具有一定难度，一些勘察单位为了应付规范的要求，大量的编撰声波资料就出现了，也是让人叹惋的。

井下电视：在钻孔内 360°连续成像，能够直观查明孔内地层，解释清晰，近年来随着科技的进步，其测试价格也随之降低，普及性是值得期待的。但也受孔内掉块和堵塞情况的限制，需要钻探设备积极配合时，也会增加成本。

地震 CT：能够解译两个钻孔之间的地层特征，能够查清面状情况，解译明确，但需要进行爆破，制造震动波，难度相对较大、成本高，普及并不太容易。也受孔内掉块和堵塞情况的影响，需要钻探设备积极配合。

管波测试：管波测试是采用瑞雷波测井的方法，是工程师李学文发明的一种专利方法，解译明确，不受地下水限制，也受孔内掉块和堵塞情况的限制，需要钻探设备积极配合。

如果条件允许，传统的井下电视法、地震 CT 和近年来出现的管波测试方法，对岩溶地基的勘察解译比较明确，可靠性很好，是值得推广的。但诸多测试方法都受制于钻孔的成孔质量，需要钻探设备的积极配合，地层越破碎、我们越需要测试的地方，测试难度和风险就越大，或许我们更需要发明一种可防护孔壁、不影响测试而又经济性好的一次性"网管"设备来协助测井工作。

（3）一句题外话

详勘工作的目标并不是达到规范的某一最低要求或布孔间距就行，而需对各种重要问题得出明确的结论，以此采取的合理勘察手段得不到建设单位认可时，可能遗留的问题应在勘察报告中说明清楚。

5. 影响岩溶地基稳定性的一些情况

许多时候，岩石地基并不是岩块被压致破坏，可能结构面的相对位移或滑动更容易发生，所以岩溶地基的稳定性问题，实际上跟承载力一样至关重要。影响岩溶地基稳定性的一些因素如下：

（1）边坡：边坡问题不只是岩溶场地独有，但岩溶场地也存在边坡问题（图 15-2）。

（2）石芽（图 15-4）：通常我们不会将地基放置于石芽顶部，但许多场地的基岩面是埋置于地下，我们单凭一个钻孔只能查明一个点以下的情况，至于四周是否是低洼的溶蚀腔就难以知晓了，所以石芽问题也是一种隐蔽的问题。一般如果相邻柱位的岩面差异较大时，我们可以将其基底标高调至相近。

（3）溶槽（图 15-3、图 15-4）：对于整体性较好的岩石地基，可能基底不太容易沿层面向溶槽滑动，但对于因层间结合差而较破碎的岩体，沿层面向溶槽滑动的风险就很大。

（4）溶洞：理论上，溶洞顶板具有一定厚度的中风化岩层就可以考虑利用顶板作地基持力层，但多数情况，我们难以知晓溶洞顶板岩体的裂隙发育情况，所以在没有充分的论证时，尽可能采用溶洞底板作持力层，增加一些桩长来保证工程的可靠性是必要的。

图 15-2　顺层边坡顶部的建筑物及抗滑桩支护工程　　　图 15-3 面状延伸的溶槽（溶隙）

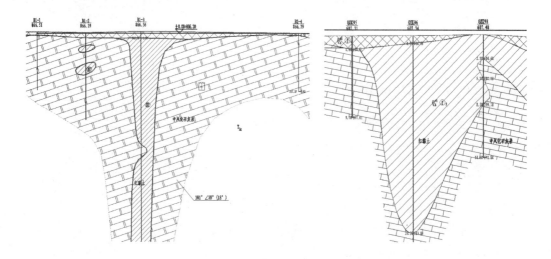

图 15-4　钻孔揭示的溶槽及石芽

练习题：

1. 除钻探之外，能够辅助查明岩土风化差异和裂隙发育特征的勘察手段有哪些？

2. 为什么多数情况重要建筑物尽量考虑采用溶洞底板作持力层？

3. 为什么说详勘工作并不是达到规范一般的工作布置要求就行？那么，详勘工作的目标是什么？

第16篇　泥石流勘察

1. 泥石流发生历史的调查和访问

调查泥石流爆发时间、物质特征、规模和危害，为分析泥石流爆发周期、评价泥石流危害和治理方案的建议提供参考。根据需要也可以进行社会经济方面的分析。

2. 沟谷总体特征的调查

沟谷特征主要包括沟谷宽度、谷底宽度、沟底纵坡降、水流量、汇水面积、弯曲形状、两岸或沟底的冲蚀情况，岸坡坍塌数量和规模等，根据各段特点的不同划分泥石流形成区、流通区和堆积区，如表 16-1 所示。

泥石流沟各区主要特点　　　　　　　　　　　　　　　　　　　表 16-1

形成区	上游为盆地状或洼地状地形，汇水面积大；沟谷稳定性差、两岸坍塌现象很普遍，沿线松散物质丰富；谷底狭窄、沟底纵坡一般较大
流通区	沟谷可能蜿蜒曲折；沟岸偶有坍塌但不普遍；两岸无新近堆积物质；沟底有少量堆积或冲蚀现象
堆积区	两岸有多期堆积物质、沟口有堆积扇；数十年内的新近堆积体较多，最新堆积物质松散可留足印

3. 物质来源的调查

泥石流形成的两大条件：一为汇水面积较大；二为物质来源丰富。物质来源的多少能决定泥石流的稠度和规模，物质来源主要由第四系松散堆积物或破碎岩层组成，如表 16-2 所示。

泥石流物质来源及对治理的指导性意义　　　　　　　　　　　表 16-2

物质来源的特征	治理措施的指导方向
上游松散物质来源很少	仅为临时性泥水流或洪水，以治洪为主
仅局部区域分布少量松散物质	可对局部松散物质来源进行控制
多点具有松散物质来源，总量一般	治源头和拦渣相结合的综合治理手段，尽量做到一劳永逸
遍地是巨厚松散物质，难以控制	分期治理，加强监测和预警

4. 堆积体的调查

调查堆积区域和危害范围，按堆积时间分期统计堆积体物质组成和堆积方量，确定泥石流的浓稠度、单次堆积量和发生周期，为拦渣坝的库区容量和服役周期设计提供依据，如表 16-3 所示。

泥石流按发生频率可分为高频泥石流和低频泥石流：大多高频泥石流是每年均有发生；一些低频泥石流可能爆发周期在 20 年以上。

泥石流爆发规模分类（摘自《泥石流灾害防治工程勘察规范》T/CAGHP 006）

表 16-3

分类指标	特大型	大型	中型	小型
一次堆积量(万 m³)	>100	10~100	1~10	<1
洪峰流量(m³/s)	>200	100~200	50~100	<50

5. 危害分析及治理建议

形成区滑塌范围及其可能影响范围、堆积体及其边沿地带均为危险区域，拟建项目场址在该区域内时，其危害将是毁灭性的，需把泥石流的专项治理纳入项目投资预算。

泥石流治理能控制源头尽量控制源头，若源头难以控制时，尽量采用拦挡和疏排相结合的综合治理措施。

拦渣坝的寿命或服役周期＝(库容/一次泥石流堆积量)×泥石流爆发周期

第 17 篇　稳定性计算及支护结构选型

1. 参数取值及稳定性分析

在某些边坡支护的设计报告中，不进行稳定性分析就布置挡土墙或锚杆，当要求提供支护前的稳定性分析计算书时，结果边坡是稳定的。稳定的边坡为何要进行支护呢，他们的答复是"根据试验参数计算是稳定的，但岩体破碎，不支护不合理"。

那么到底谁不合理，很明显是地勘单位提供的计算参数未能完全考虑风险，定性判别为不稳定的边坡，计算结果是稳定的，就是参数不合理。岩质边坡的抗剪强度参数，试验值仅能作为参考，是不能直接采用的，即使按规范取最小的折减系数：c 值进行 0.05 折减、φ 值进行 0.8 折减后也不一定安全，结合定性判别、反算和经验取值是必要的。边坡设计必须要有理有据。

边坡支护的前提是稳定性不满足规范要求，稳定性分析的前提是计算参数要合理，计算参数合理的前提是与定性判别相一致。

2. 支护结构选型及试算

（1）防护

稳定的边坡只需要对一些不利因素进行防护或采取坡面绿化措施即可，主要的不利因素就是风化作用加剧和水的影响，构造措施一般以护面和排水为主。

防护措施有锚喷、素喷、护面墙等，可能产生侵蚀作用影响较大时应采用锚喷；边坡低矮、危害性小可采用素喷；坡率缓，即使发生侵蚀也不会造成明显危害的可用窗格式格构加绿化的措施。

（2）结构支挡

对于不稳定的边坡，应在尽可能放坡的条件下采取结构支护的措施。岩体较好的岩质边坡，可能只会产生局部掉块或坡面小范围滑塌，可采取锚喷处理；岩土性质较好，在一定放坡条件下可采用格构式锚杆挡墙；土质松散或较易变形，锚固（锚杆或锚索）就不太适用，建议采用抗滑桩或挡土墙。

上述单纯的一种方法满足不了计算要求，或局部变形要求高时，应采用复合支护方法，如桩锚、双排桩。

（3）结构试算与经济性对比

事实上，排除一些适用性不佳的支护模式，支护方式是否可以实现，或者哪种更经济合理，更多是需要进行结构试算。而一些技术员在进行设计方案讨论时，总是提供一些配筋无法满足要求的抗滑桩、承载力无法解决的挡土墙，既然计算都无法满足，方案就是不可行的，自己就否定了，还讨论什么呢？方案选型首先必须计算通过，计算通过了才能进一步讨论，对两种或几种能实现的方案进行比选，考虑其经济性的问题，进行合理优化。

3. 耐久性的探讨

支护结构在经济可以承受或经济性差异不大的情况下，或许我们更应该采用耐久性更高的模式，以便于场地的"长治久安"。比如一些大型填方，经济学家会推荐采用钢管桩、土工筋带、格栅、钢筋或格宾网等，但此类支护模式一般多用于临时处理或抢险，或许用于稳定边坡的构造性加强还不错，如果单纯靠它们作为主要处理模式，可能会存在隐患，其他比如大型"土石坝"若能就地取材，随填方体一起施工起来，不仅安全、稳固，而且是具有经济性的。但需要大面积开挖基槽时可能会增加其风险、施工难度和造价。

4. 边坡的稳定标准

土质边坡的抗剪强度具有较大的确定性，稳定标准直接可以采用抗剪强度计算，满足规范相应的要求即可，但碎石土和岩质的边坡，稳定性标准在每个人心中各不相同。

高速公路的设计人员认为开挖后，残留的破碎危岩体是稳定的，但不到一周垮塌了；施工单位的项目经理认为农民随意砌置的堆石地坎（劣质挡土墙）能够对较差的边坡起到支护作用，但雨期也垮塌了；房开公司的地质顾问指着到处发生小型坍塌的边坡说，"你看，这个边坡很稳固"。

那么，到底小坍塌算不算失稳呢？临时稳定是不是稳定呢？

有些建设单位对边坡的要求是"不发生大面积滑坡"，另外一些建设单位的要求是"保证足够的安全"。保证安全的治理费用，有时候可能会让建设单位"大吃一惊"。而一些支护过的边坡发生小坍塌的并不少，只要经得起风险评估，如果危害不会较大，业主不想一次性投入太多，后期愿意承担维护费用，合理划分边坡的安全等级、适当降低支护标准也是应该被允许的。但要仔细追究起来，设计单位始终无法避免责任，如果后期的维护费用都要对设计单位进行追究，设计单位自然会增加不少麻烦。所以设计单位在选用存在一定风险的方案时，需对存在潜在风险的边坡提出合理的监测和维护建议。

总之，边坡稳定性虽然每个人的标准不同，但尚需本着"以人为本"的原则，人类集中活动区，可能造成人员伤亡时，是必须保证足够安全的；对人民的生命安全和财产损失威胁较小，可以考虑适当放宽。但各方宜完善自己应尽的职责，合理的区间警示隔离、监测或维护建议有时候不仅能免除设计单位的自身风险，而且能让建设单位有依据、有秩序的执行。许多建设单位不愿意投入大量资金进行强支护，但却对监测和维护十分重视，而不少设计人员反而对此十分漠视，只对支护施工的实物内容感兴趣。

第 18 篇　主动土压力计算

1. 单一均质岩土的主动土压力

大多数人认为岩体不可能切割岩块破坏，规范也规定较完整的岩体不需要考虑切穿岩块的破坏模式，但这里不以这些概念来判别，会不会破坏，以参数计算为准。不分岩体还是土体，一视同仁。

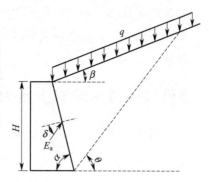

图 18-1　土压力计算参数图示

计算采用的参数如图 18-1 所示。

（1）无黏性岩土的主动土压力

无黏性土的土压力按经典的库仑公式计算：

$$E_a = \frac{1}{2} \cdot \gamma \cdot H^2 \cdot K_a + q \cdot H \cdot K_a \cdot \frac{\cos(90°-\alpha)}{\cos(90°-\alpha-\beta)}$$

$$K_a = \frac{\cos^2(\varphi+\alpha-90°)}{\cos^2(90°-\alpha)\cos(90°-\alpha+\delta)\left[1+\sqrt{\dfrac{\sin(\varphi+\delta)\sin(\varphi-\beta)}{\cos(90°-\alpha+\delta)\cos(90°-\alpha-\beta)}}\right]^2}$$

（2）考虑黏聚力 c

库仑土压力，经过扩展后，得到考虑 c 值后的土压力计算公式如下：

$$E_a = 0.5 \cdot \gamma \cdot H^2 \cdot K_a$$

$$K_a = \frac{\sin(\alpha+\beta)}{\sin^2\alpha\sin^2(\alpha+\beta-\varphi-\delta)} \times$$

$$\{K_q[\sin(\alpha+\beta)\sin(\alpha-\delta)+\sin(\varphi+\delta)\sin(\varphi-\beta)]+2\eta\sin\alpha\cos\varphi\cos(\alpha+\beta-\varphi-\delta)$$
$$-2\sqrt{K_q\sin(\alpha+\beta)\sin(\varphi-\beta)+\eta\sin\alpha\cos\varphi}\times\sqrt{K_q\sin(\alpha-\delta)\sin(\varphi+\delta)+\eta\sin\alpha\cos\varphi}\}$$

该公式使用时需注意：

① 仰斜式挡土墙，根据图 18-1，α 取大于 90°；

② 该土压力的作用方向与水平面夹角为（90°-α+δ）。

（3）考虑地震作用

根据规范，考虑地震作用时，土的重度除以地震角的余弦（$\gamma' = \gamma/\cos\rho$），墙背填土的内摩擦角和墙背摩擦角分别减去地震角（$\varphi' = \varphi - \rho$）和增加地震角（$\delta' = \delta + \rho$），按地震角调整上述参数后计算，此处的地震角按《建筑抗震鉴定标准》GB 50023 取值。

（4）多层岩土的土压力计算

多层土的土压力，可各层分别计算，计算下侧地层的土压力时，上方的土层可按荷载考虑，各地层的岩土压力分别作用于支护结构上，产生的弯矩或合力进行叠加即可。

上述公式适用于任何边坡，但顺层坡、具有外倾软弱层（带）的边坡和上硬下软型可能沿下伏薄层软弱层产生固定破裂角滑动的边坡，土压力除了上述常规计算之外，还需要按软弱层（带）滑动的土压力复核，此时沿着软弱层（带）滑动，破裂角是已知的，采用已知破裂角的计算方法。

上述公式计算复杂，也可以先求取破裂角，再按已知破裂角的计算方法进行土压力计算。

2. 已知破裂角的岩土压力计算

已知破裂角可以是外倾层面、边坡中下部的薄层软弱地层或有限范围内的限制面等；无上述特征的均质土层，破裂角未知，可先进行破裂角计算，然后用已知破裂角的方法计算岩土压力；当存在多个外倾软弱面（带）时，各种工况均需计算，并取最大值进行设计，需要同时计算沿软弱层滑动和按均质土破坏两种模式下的土压力并取大值。

已知破裂面为边坡中下部的薄层软弱地层时，除计算沿软弱层（已知的破裂角）滑裂的土压力外，尚应按均质土复核土压力，取大值设计。

（1）不求滑块重量

土压力计算公式：$E_a = 0.5 \cdot \gamma \cdot H^2 \cdot K_a$

① 一般情况主动土压力系数可按如下公式计算：

$$K_a = \frac{\sin(\alpha+\beta)}{\sin^2\alpha \sin(\alpha+\theta-\delta-\varphi_s)\sin(\theta-\beta)} \times \left[K_q\sin(\alpha+\theta)\sin(\theta-\varphi_s) - \eta\sin\alpha\cos\varphi_s\right]$$

② 当 $q=0$ 时，K_a 简化为如下公式：

$$K_a = \frac{\sin(\alpha+\beta)}{\sin(\alpha+\theta-\delta-\varphi_s)\sin(\theta-\beta)}\left[\frac{\sin(\alpha+\theta)\sin(\theta-\varphi_s)}{\sin^2\alpha} - \eta\frac{\cos\varphi_s}{\sin\alpha}\right]$$

③ 当 $q=0$，且 $c=0$ 时，K_a 简化为如下公式：

$$K_a = \frac{\sin(\alpha+\theta)\sin(\alpha+\beta)\sin(\theta-\varphi_s)}{\sin^2\alpha\sin(\theta-\beta)\sin(\alpha+\theta-\delta-\varphi_s)}$$

沿已知破裂面破坏时，抗剪强度均取滑面（软弱层/带）的抗剪强度，有限范围内的填土与界面的摩擦角可取填土内摩擦角的 $0.33\sim0.7$ 倍。

④ 坡顶水平、无超载且不考虑墙背摩擦时（$q=0$，$\beta=0$，$\delta=0$），土压力的水平分量可按公式 $E_{ah} = 0.5 \cdot \gamma \cdot H^2 \cdot K_a$ 求得。其中：

$$K_a = (\cot\theta - \cot\alpha')\tan(\theta-\varphi) - \frac{\eta\cos\varphi}{\sin\theta\cos(\theta-\varphi)}$$

$$\theta = \arctan\left[\frac{\cos\varphi}{\sqrt{1+\dfrac{\cot\alpha'}{\eta+\tan\varphi}}-\sin\varphi}\right], \alpha' 为坡角$$

（2）按滑块重量 G 计算岩土压力

① 规范计算时，适用于不考虑墙背摩擦影响的情况（$\delta=0$），计算公式如下：

$$E_a = G\tan(\theta-\varphi_s) - \frac{c_s L\cos\varphi_s}{\cos(\theta-\varphi_s)}$$

该土压力方向为水平向外，为剩余下滑力转换成水平分力后的公式。

② 当 $c=0$ 时，可按楔体式算法计算（图 18-2、图 18-3），由正弦定理求得土压力：

$$E_a = \frac{G\sin(\theta-\varphi)}{\sin[180°-(\alpha+\theta-\varphi-\delta)]}$$

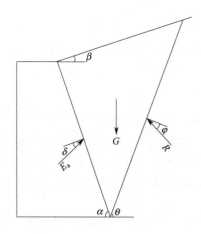

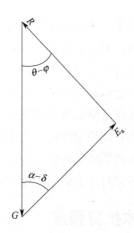

图 18-2 土楔作用力　　　　　　　　图 18-3 力矢三角形

上述诸公式中，一些公式是计算土压力的水平分力，适用于墙背直立、光滑的情况；大部分考虑了墙背摩擦和墙背倾斜的情况，其作用方向与水平面的夹角为（$90°-\alpha-\delta$），使用范围更普遍一些，作用点均按由滑块重心按作用角度延伸至挡土墙上，重心及各部分尺寸实际几何计算可能较复杂，可用 CAD 图解直接量取。

3. 破裂角求解

此处说的破裂角，不含外倾结构面和软弱层带形成的破裂面。一般可按如下方法确定：

直立边坡，$\delta=0$ 时，破裂角简化计算公式 $45°+\varphi/2$；

非直立边坡，$\delta=0$ 时，破裂角简化计算公式为 $(\beta+\varphi)/2$，此处的 β 为边坡坡角；

$\delta\neq0$ 时，破裂角 θ 可按如下公式求取：

俯斜式挡土墙：$\tan\theta = -\tan\psi + \sqrt{(\tan\psi + \cot\varphi)(\tan\psi - \tan\alpha)}$

$\psi = \varphi + \delta + \alpha$，$\alpha$ 为墙背与竖直面的夹角，无符号(取绝对值)

仰斜式挡土墙：$\tan\theta = -\tan\psi + \sqrt{(\tan\psi + \cot\varphi)(\tan\psi + \tan\alpha)}$

$\psi = \varphi + \delta - \alpha$，$\alpha$ 为墙背与竖直面的夹角，无符号(取绝对值)

直立挡土墙：$\tan\theta = -\tan\psi + \sqrt{(\tan\psi + \cot\varphi)\tan\psi}$

$$\psi = \varphi + \delta$$

岩质边坡的破裂角，规范均按直立边坡，$\delta = 0$ 时的情况考虑，取值为 $45° + \varphi/2$，规范直接提供了临时边坡破裂角的取值：Ⅰ类岩体边坡取 $82°$，Ⅱ类岩体边坡取 $72°$，Ⅲ类岩体边坡取 $62°$。设计时可根据边坡实际稳定性状况合理选用，可能存在一些隐患时取最不利算法(可按土体的算法考虑)，稳定性较好时可任选一种方式确定。

4. 地下水或暴雨

地下水对边坡的影响，对于透水性好的岩土体，存在地下水时，计算各部分的水压力求取压力差就可以了；对于不透水的岩土体，根据情况可按饱和状态考虑。其计算原理本身并不是难点，难点是对于水的影响程度和范围，勘察总是难以准确查明，有时候可能需要按不利工况进行推测。

一些规范降低暴雨工况的稳定性标准，但边坡规范的岩土参数是需要考虑包括暴雨工况的长期稳定性的。大多数南方地区，可能一年中 $1/4$ 的日子都有暴雨，所以暴雨工况不特别降低稳定性标准也是合理的。但对于一些不容易达到的推测情况或只有在使用不慎时才会偶尔发生并容易处理的工况，适当降低标准也应获得允许。

5. 岩体抗剪强度

这里讨论的抗剪强度，主要是较破碎、破碎或没有外倾结构面控制情况下岩体的一般性抗剪强度，不讨论结构面、软弱层(带)的抗剪强度。

由于岩体抗剪强度的取值具有一定的随意性，所以岩质边坡的分析在一定程度上就成了"拍脑袋工程"和"运气工程"，我们总希望能够通过某种方法较为准确的确定岩体抗剪强度。大多数情况所采取的岩石样，或者说实验室能够正常试验的岩石样，都是强度很高的，黏聚力可能达到 $2000 \sim 3000 \mathrm{kPa}$，内摩擦角也是 $40°$ 或 $50°$，随意折减后，边坡计算下来都是稳定的。岩质边坡的垮塌其实并不少见，尤其是含泥质或泥晶结构岩体的边坡，稳定性往往是大打折扣的。

具体边坡抗剪强度取值应与边坡岩体类型和相应的稳定性标准相协调，严格说来，边坡按等效内摩擦角放坡时，计算的稳定性应为临界稳定或基本稳定状态，这样的抗剪参数才是吻合的，但许多情况下这样取值不一定完全合理，或者说规范并无明确规定，根据实际情况，工程师们具有一定的调整空间。

抗剪强度具有一定的调整空间并不意味着可以无视与等效内摩擦不协调的问题，按等效内摩擦角放坡后计算的边坡稳定性系数不应大于 1.35；抗剪强度取值不能与规范的基本评价相矛盾，比如边坡岩体类型为IV类而且偏差时，所计算 8m 高直立的边坡稳定性时，稳定性系数 K 值应小于 1（岩体条件较好时，可适当放宽，但 K 值最大也不应大于 1.1）。抗剪强度不满足上述要求时，不应单独用于设计计算，宜配合等效内摩擦角，计算取不利情况。所以边坡岩体类型确定了，其稳定性状态也就基本确定了。以上两个条件实际上已将各类型岩体的抗剪强度限制在了一定的范围，也就是说边坡岩体分类确定了，抗剪强度的取值范围就被圈定了。所以边坡岩体分类对于边坡稳定性判别和参数取值，都具有实质性的意义，这也要求我们将边坡岩体分类当作一项重要的事情严谨对待，相应工作应做到细致、准确。

结构面的胶结情况，一般分为铁质、硅质、钙质和泥质胶结，一些年轻的工程师们根本就不理解"胶结"的含义，看到裂隙面呈褐色铁质浸染就描述为"铁质胶结"，看到白色的就描述为"钙质胶结"，看到裂隙面附近风化为黏土，就描述为"泥质胶结"。实际意义上的"胶结"是指裂隙两侧的岩体已经粘结在一起，那些互相脱离的风化膜根本不是胶结，其作用很多反而是降低结构面参数的，现实中的边坡工程，胶结型的结构面很少，即便是存在，由于其抗剪强度较高，大多不是研究的重点。勘察单位给出的裂隙，大多是无胶结，或者不完全的钙质或泥质胶结为主（如胶结率低于 30%）。

我们可以大胆地认为，如果裂隙贯通性较好或张开，或充填黏土及碎屑等，坡面上此类裂隙达到一定数量（通俗点说就是：一眼看去，都能看到许多裂隙，不用仔细寻找），主要稳定控制因素就已经不是岩块的抗剪强度，而是结构面的参数、岩块支撑和咬合作用，边坡已经是砌块或碎石土模型，不应盲目使用实验室给出的岩块抗剪强度数据，其抗剪强度建议按岩块剪断后继续剪切的"摩擦强度（相当于残余强度）"适当折减后使用，且不应小于结构面的抗剪强度。

6. 圆弧形滑面与平面滑裂面

就支护结构而言，按照较小的土压力设计时，较大的压力来源将会导致其破坏。所以无论滑裂面形状如何，只要是合理的土压力求解值，其数值越大就越是我们所应该考虑的。所以土层内部的滑裂、下伏软弱层的滑裂等各种情况我们均要进行计算对比取不利值进行设计。

滑体面积越大，能提供的下滑力可能越大，滑裂面坡角越陡（陡于摩擦角），可能提供的下滑力就越大。但破裂角越陡，块体的面积就会越小，前人提供的经验公式求取了一个下滑力最大的破裂角，推导出我们现在使用的计算公式。库仑公式及其扩展的规范公式，是获得广泛认可的，现有的挡土墙设计（抗倾覆和抗滑安全系数等）均是以此为基础的。

但理论上均一地层的滑动模式为圆弧滑动，其最不利的滑面是圆弧形的，随着理正岩土等软件的普及，采用自动搜索最不利滑面、自动分割成若干滑块，按折线滑动方式求取剩余下滑力的模式成为一种新的土压力计算方法。

下面我们采用圆弧滑动分析法与土压力计算公式进行对比，看哪种破裂面产生的下滑力较大些，为简便计算，我们假设 $\gamma = 20kN/m^3$、$H = 10m$、$q = 0$、$\beta = 0$、$\alpha = 90°$、$\delta = 0$，土层情况按如下三种方式取值：

第一种：内摩擦角为主的，$c = 10kPa$，$\varphi = 30°$；

第二种：黏聚力为主的，$c = 30kPa$，$\varphi = 10°$；

第三种：两者均较大的，$c = 30kPa$，$\varphi = 30°$。

圆弧滑动剩余下滑力与土压力经典公式对比　　　　　表 18-1

计算工况	圆弧滑动计算稳定性	圆弧滑动 $K=1$ 时剩余下滑力	按经典土压力公式计算 E_a
$c=10kPa$，$\varphi=30°$	0.556	174kN（52.37°）	200.6kN（水平）
$c=30kPa$，$\varphi=10°$	0.71	201.872kN（39°）	217.86kN（水平）
$c=30kPa$，$\varphi=30°$	0.955	64.7kN（52°）	0

表 18-1 中，圆弧滑动的剩余下滑力分解到水平方向后，其大小一般较经典侧压力计算公式计算的土压力小，表明虽然最不利的滑面为圆弧形滑裂面，但其并非产生最大土压力的滑裂面。尤其是遇到上软下硬型的多层土，圆弧滑动最不利滑面可能只在上部软弱地层局部发生，其计算剩余下滑力对整体边坡毫无参考价值。

当稳定性系数接近 1 时，虽然边坡欠稳定，但按经典土压力公式计算的主动土压力系数为负值，土压力为 0，此时可采取圆弧滑动模式进行对比设计或采用圆弧滑动复核稳定性。

7. 破裂面（破裂角）的进一步讨论

破裂面是岩体受力时最先达到极限平衡状态的面，沿该面稳定性最差、下滑力（侧向土压力）最大，可以按该角度计算土压力和评价稳定性，但并不意味着小于破裂角的边坡坡率就是稳定的。有些设计人员进行支护结构（比如锚杆）设计时，将理论破裂面以下的地层当作稳定性地层，支护结构进入理论的破裂面以下即作为锚固段。实际上，破裂面以下的岩土层并不是稳定地层。

拿直立边坡来说，直立光滑的挡土墙后填土的理论破裂角是（45°+φ/2），实际极限稳定的边坡坡率是 φ，沿角度（45°+φ/2）产生的土压力是 $E_a = 0.5 \cdot \gamma \cdot H^2 \cdot K_a$，沿角度 φ 产生的土压力是 0。

以松散砂为例，假设 $c = 0$，$\varphi = 20°$，直立边坡理论破裂角为（45°+20°/2）=55°，如果认为按破裂角 55°放坡后边坡就处于稳定状态，那就大错特错了，实际上极限稳定的坡率仅为 20°。边坡按 55°放坡时，$K = \tan20°/\tan55° = 0.25$；按 20°放坡时，$K = 1$。

直立边坡的破裂角为（45°+20°/2）=55°，直立光滑的墙背填土获得最大土压力；

按 55°放坡后，破裂角变为（$\beta+\varphi$）/2 = 37.5°，$\delta = 0$ 时，按滑裂面接近最大土压力；

按 20°放坡后的破裂角为（$\beta+\varphi$）/2 = 20°，$\delta = 0$ 时，按滑裂面接近最大土压力；

按小于 20°的坡率放坡时，边坡不破坏。

边坡总是优先沿破裂角破坏，随着坡率变化，破裂角也在变化，直到坡率不大于内摩擦角时，边坡才处于稳定状态，所以内摩擦角 φ 以下的地层才是稳定的，破裂角（$\beta+\varphi$）/2 以下的地层并不是稳定的，只是沿理论破裂面产生的土压力最大，用于设计支护结构、进行土压力计算而已。

在坡度大于内摩擦角的前提下，坡率较陡时，破裂角较陡，沿原先的破裂角垮塌后，坡率变缓了，破裂角也变缓了，又沿新的破裂角继续垮塌，会形成"层层剥蚀"的效果。假设边坡垮塌不充分，优先从坡顶垮塌，坡脚部分保持一定的稳定状态，坡顶不断向后垮塌发展，坡脚部分发展较慢，实际上"层层剥蚀"的最终样子也类似于圆弧形（图 18-4）。

用等效内摩擦来评价岩体时，岩质边坡的稳定性跟上述结论完全一致。

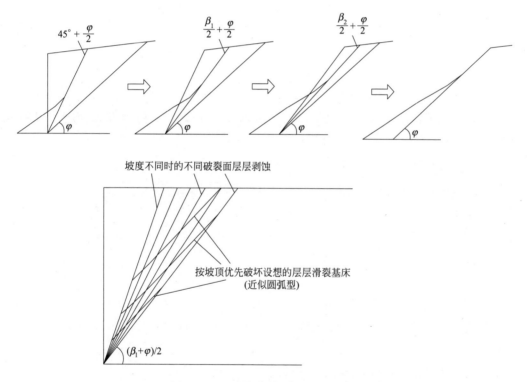

图 18-4　边坡沿不同破裂角层层剥蚀

练习题：

1. 什么一旦确定了，岩质边坡抗剪强度的取值范围就被圈定了？

2. 破裂角以下的边坡是否便是稳定边坡？

3. 解释一下边坡"层层剥蚀"的现象。

第19篇 挡土墙

1. 算例

假设 $\alpha=75°$，填土 $\gamma=20\mathrm{kN/m^3}$，$c=10\mathrm{kPa}$，$\varphi=30°$，$H=10\mathrm{m}$，$\beta=12°$、$q=0$，$\delta=15°$。

（1）计算土压力

公式：$E_a=0.5 \cdot \gamma \cdot H^2 \cdot K_a$

$$K_a=\frac{\sin(\alpha+\beta)}{\sin^2\alpha\sin^2(\alpha+\beta-\varphi-\delta)} \times$$

$\{K_q[\sin(\alpha+\beta)\sin(\alpha-\delta)+\sin(\varphi+\delta)\sin(\varphi-\beta)]+2\eta\sin\alpha\cos\varphi\cos(\alpha+\beta-\varphi-\delta)-$
$2\sqrt{K_q\sin(\alpha+\beta)\sin(\varphi-\beta)+\eta\sin\alpha\cos\varphi} \times \sqrt{K_q\sin(\alpha-\delta)\sin(\varphi+\delta)+\eta\sin\alpha\cos\varphi}\}$

计算结果：$K_a=0.389$，$E_a=1.2\times388.86=466.632$（每延米），与水平面夹角 $90°-\alpha+\delta=30°$

（2）计算破裂角

$\psi=\varphi+\delta+\alpha=120°$，$\tan\theta=-\tan\psi+\sqrt{(\tan\psi+\cot\varphi)(\tan\psi-\tan\alpha)}$

求得 $\theta=60°$。

（3）CAD 图解求作用点

按比例制图（图 19-1），各部分尺寸直接从图上量取。

（4）抗滑及抗倾覆稳定性系数

假设按图 19-2 设置挡土墙，墙底摩擦系数 $\mu=0.4$，墙体重量 $G=1032\mathrm{kN}$。

抗滑稳定性系数 $F_s=(1032+466.632\times\sin30°)\times0.4/(466.632\times\cos30°)=1.25$（$<1.3$）

抗倾覆稳定性系数 $F_t=(1032\times3.5+466.632\times5.5\times\sin30°)/(466.632\times5.65\times\cos30°)=2.14$

抗滑不满足要求，抗倾覆满足要求。

（5）偏心距

挡土墙对称，$e=(466.632\times5.65\times\cos30°-466.632\times2\times\sin30°)/(1032+466.632\times\sin30°)=1.4\mathrm{m}$（$<0.25B$,满足要求。注：$B$ 为挡土墙底度）

（6）承载力

假设地基土的承载力特征值 $f_a=500\mathrm{kPa}$，验算承载力是否满足要求。

$e > B/6, a = 3.5 - 1.4 = 2.1, p_{max} = 2 \times (1032 + 466.632 \times \sin 30°)/(3 \times 2.1) = 401.7\text{kPa}(满足)。$

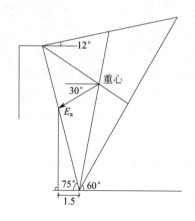

图 19-1　墙后土体的压力

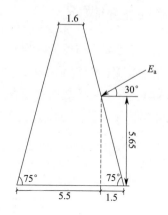

图 19-2　挡土墙的受力

2. 重心至墙趾的水平距离

大家都知道，挡土墙的重量为面积×重度求得，挡土墙的截面积可以直接从图上量得，但重力的力矩（也就是重心至墙趾的水平距离）可以按三角形分割法求取（图 19-3，图 19-4）。

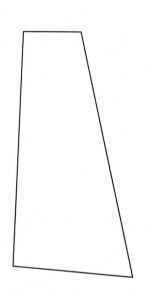

图 19-3　挡土墙基本墙型

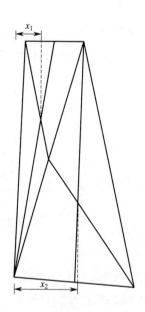

图 19-4　两个三角形的重心与墙趾的距离

挡土墙分割成两个三角形，其重量分别为 G_1、G_2，与墙趾的距离分别为 x_1、x_2，则墙身整体重心距墙趾的距离为：

$$x = \frac{G_1 \cdot x_1 + G_2 \cdot x_2}{G_1 + G_2}$$

3. 多层土的情况

（1）墙后填土与原生（岩）土

俯斜式挡土墙墙后一般需进行填土，应分别求取原生土和填土的理论破裂面，原生土和填土的理论破裂面都存在两种情况，分别是破裂面在填土内（图 19-5）和破裂面在原生土内（图 19-6）。

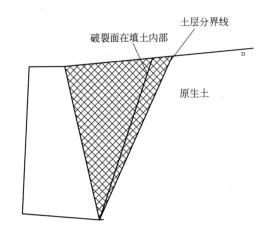

图 19-5　破裂面在填土内

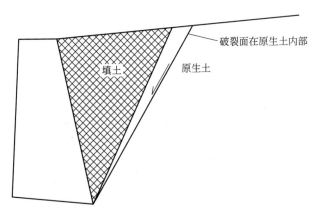

图 19-6　破裂面在原生土内

土压力按如下步骤获得：

1）填土的土压力计算

先判断填土的破裂面，有两种情况：

第一种情况：填土破裂面在填土内部，按此破裂面计算填土的土压力。

第二种情况：填土破裂面在原生土内部，按土层分界线计算填土的土压力。

2）原生土的土压力计算

先判断原生土的破裂面，也有两种情况：

第一种情况：原生土破裂面在填土内部，仅计算填土的土压力即可。

第二种情况：原生土破裂面在原生土内部，计算沿该破裂面产生的土压力，与填土产生的土压力比较，取大值。

（2）多层土

多层土作用下的土压力，可以分层求取，分别作用于挡土墙上。

上半墙土压力（图 19-7）E_{a1} 计算方法按常规计算，不再赘述；下半墙土压力计算时，滑块为图 19-8 的阴影部分，可将上层土部分按荷载考虑，计算下层土对挡土墙的作用力 E_{a2}。

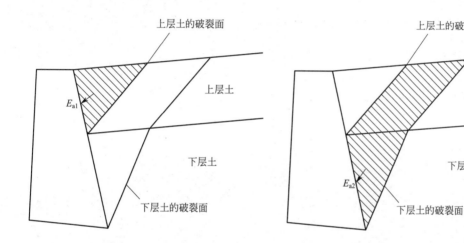

图 19-7　上半墙土压力计算块体（阴影部分）　　图 19-8　下半墙土压力计算块体（阴影部分）

4. 陡峭边坡及支撑

重力式挡土墙一般不能控制墙后填土的变形，大多数情况仅用于土质边坡的支护和岩质边坡的坡面防护。不稳定的岩质边坡，尤其是稳定性差的顺层边坡，产生微小变形即可能发生破坏，形成大型滑坡，产生较大的下滑力，重力式挡土墙适用性较差，如图 19-9 所示。对于岩质边坡的局部危石或块体，尚可采用柱式支撑。

大体积混凝土挡土墙由于热胀冷缩等原因，容易产生裂缝，我们可以减小其伸缩缝间距，甚至将挡土墙设置为断续的墙型，空间足够时，可增大挡墙宽度，于墙前形成不连续的"斜撑"模式，称之为肋式支挡（图 19-10）。大型填方区，地基条件较好时也可以设置肋式纵墙。

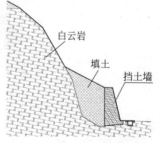

图 19-9　挡土墙对岩质
边坡的无效支挡

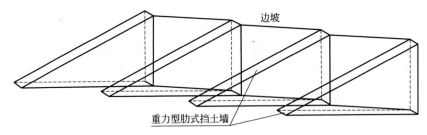

图 19-10　重力型肋式挡土墙

第 20 篇　抗滑桩

我们可以把抗滑桩看作断续的挡土墙或肋式支挡，与重力式水泥土墙一样，抗滑桩除需计算受力平衡和地基承载力之外，尚需验算桩身的受力，此处主要为抗弯性能。

1. 刚性桩

（1）地基系数及其比例系数

使单位面积的地基产生单位变形的应力值就是地基系数，$K = \sigma_y / \Delta x$，其中 σ_y 为单位面积上的应力（kPa），所得地基系数的单位为 kN/m^3。

土质地基的地基系数随深度逐渐增加，地基系数的比例系数就是地基系数随深度变化的斜率，单位是 kN/m^4。

图 20-1 和图 20-2 中，$A + mh$ 即为地基系数，m 即为地基系数的比例系数。

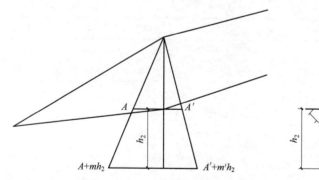

图 20-1　滑坡的地基系数（$A + mh$）

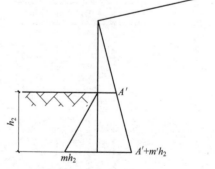

图 20-2　挖方边坡的地基系数（mh）

（2）旋转中心

假设地面或滑面处的弯矩为 M_A、剪力为 Q_A，滑动面以下部分桩长为 h_2，则旋转中心的深度 y_0（由滑面向下计）由下式求得：

$$2Q_A(A'-A)y_0^3 + 6M_A(A'-A)y_0^2 - 2y_0h_2$$
$$[3A'(2M_A + Q_Ah_2) + mh_2(3M_A + 2Q_Ah_2)] =$$
$$h_2^2[2A'(3M_A + 2Q_Ah_2) + mh_2(4M_A + 3Q_Ah_2)]$$

（3）转动支点以上桩身受力

$$\Delta x = (y_0 - y)\Delta\varphi$$

$$\sigma_y = (A + my)(y_0 - y)\Delta\varphi$$

$$Q_y = Q_A - \frac{1}{2}B_p A\Delta\varphi y(2y_0 - y) - \frac{1}{6}B_p m\Delta\varphi y^2(3y_0 - 2y)$$

$$M_y = M_A + Q_A y - \frac{1}{6}B_p A\Delta\varphi y^2(3y_0 - y) - \frac{1}{12}B_p m\Delta\varphi y^3(2y_0 - y)$$

（4）转动支点以下桩身受力

$$\sigma_y = (A' + my)(y_0 - y)\Delta\varphi$$

$$Q_y = Q_A - \frac{1}{2}B_p A\Delta\varphi y_0^2 - \frac{1}{6}B_p m\Delta\varphi y^2(3y_0 - 2y) + \frac{1}{2}B_p A'\Delta\varphi(y - y_0)^2$$

$$M_y = M_A + Q_A y - \frac{1}{6}B_p A\Delta\varphi y_0^2(3y - y_0) - \frac{1}{12}B_p m\Delta\varphi y^3(2y_0 - y) + \frac{1}{6}B_p A'\Delta\varphi(y - y_0)^3$$

2. 弹性桩的 *m* 法

（1）一些计算参数

抗滑桩计算参数与地面以下深度 y 处的深度数值和 α 有关，由微分方程 $EI(\mathrm{d}^4 x)/(\mathrm{d}y^4) = -myxB_p$ 求解而来，具体按表 20-1 查得。

与抗滑桩计算有关的参数　　　　　表 20-1

$l=\alpha y$	A1	B1	C1	D1	A2	B2	C2	D2
0	1	0	0	0	0	1	0	0
0.1	1	0.1	0.005	0.00017	0	1	0.1	0.005
0.2	1	0.2	0.202	0.00133	−0.00007	1	0.2	0.02
0.3	0.99998	0.3	0.045	0.0045	−0.00034	0.99996	0.3	0.045
0.4	0.99991	0.39999	0.08	0.10067	−0.00107	0.99983	0.39998	0.08
0.5	0.99974	0.49996	0.125	0.02083	−0.0026	0.99948	0.49994	0.12499
0.6	0.99935	0.59987	0.17998	0.036	−0.0054	0.9987	0.59981	0.17998
0.7	0.9986	0.79967	0.24495	0.05716	−0.01	0.9972	0.69951	0.24494
0.8	0.99727	0.79927	0.31988	0.08532	−0.01707	0.99454	0.79891	0.31983
0.9	0.99508	0.89852	0.40472	0.12146	−0.02733	0.99016	0.89779	0.40462
1	0.99167	0.99722	0.49941	0.16657	−0.04067	0.98333	0.99583	0.49921
1.1	0.98658	1.09508	0.60384	0.22163	−0.06096	0.97317	1.09262	0.60346
1.2	0.97927	1.19171	0.71787	0.28758	−0.08632	0.95855	1.18756	0.71716
1.3	0.96908	1.2826	0.84127	0.36536	−0.11883	0.93817	1.2799	0.84002
1.4	0.95523	1.3791	0.97373	0.45588	−0.15973	0.91047	1.36865	0.97163
1.5	0.93681	1.46839	1.11484	0.55997	−0.2103	0.87365	1.45259	1.11145

续表

$l=\alpha y$	A1	B1	C1	D1	A2	B2	C2	D2
1.6	0.9128	1.55346	1.26403	0.67842	−0.27194	0.82565	1.5302	1.25872
1.7	0.88201	1.63307	1.42061	0.81193	−0.34604	0.76413	1.55963	1.41247
1.8	0.84313	1.70575	1.58362	0.96109	−0.43412	0.68645	1.65867	1.5715
1.9	0.79467	1.76972	1.7519	1.12637	−0.53768	0.58967	1.70468	1.73422
2	0.73502	1.82294	1.92402	1.30801	−0.65822	0.47061	1.73457	1.89872
2.2	0.57491	1.88709	2.27217	1.72042	−0.95616	0.15127	1.7311	2.22299
2.4	0.34691	1.8745	2.60882	2.19535	−1.33889	−0.30273	1.61286	2.51874
2.6	0.03315	1.75473	2.9067	2.72365	−1.81479	−0.92602	1.33485	2.74972
2.8	−0.38548	1.49037	3.12843	3.28769	−2.38756	−1.75483	0.84177	2.86653
3	−0.92809	1.03679	3.22471	3.85838	−3.05319	−2.8241	0.06837	2.80406
3.5	−2.92799	−1.27172	2.46304	4.97982	−4.98062	−6.70806	−3.58647	1.27018
4	−5.85333	−5.94097	−0.92677	4.5478	−6.53316	−12.1581	−10.6084	−3.76647

$l=\alpha y$	A3	B3	C3	D3	A4	B4	C4	D4
0	0	0	1	0	0	0	0	1
0.1	−0.00017	−0.00001	1	0.1	−0.005	−0.00033	−0.00001	1
0.2	−0.00133	−0.00013	0.99999	0.2	−0.02	−0.00267	−0.0002	0.99999
0.3	−0.0045	−0.00067	0.99994	0.3	−0.045	−0.009	−0.00101	0.99992
0.4	−0.01067	−0.00213	0.99974	0.39998	−0.08	−0.02133	−0.0032	0.99966
0.5	−0.02083	−0.00521	0.99922	0.49991	−0.12499	−0.04167	−0.00781	0.99896
0.6	−0.036	−0.0108	0.99806	0.59974	−0.17997	−0.07199	−0.0162	0.99741
0.7	−0.05716	−0.02001	0.9958	0.69935	−0.2449	−0.11433	−0.03001	0.9944
0.8	−0.08532	−0.03412	0.99181	0.79854	−0.31975	−0.1706	−0.0512	0.98908
0.9	−0.12144	−0.05466	0.98524	0.89705	−0.40443	−0.24284	−0.08198	0.98032
1	−0.16652	−0.08329	0.97501	0.99445	−0.49881	−0.33298	−0.12493	0.96667
1.1	−0.22152	−0.12192	0.95979	1.09016	−0.60268	−0.44292	−0.18285	0.94634
1.2	−0.28737	−0.1726	0.93873	1.18342	−0.71573	−0.5745	−0.25886	0.91712
1.3	−0.36496	−0.2376	0.90727	1.2732	−0.83753	−0.7295	−0.35631	0.87638
1.4	−0.45515	−0.31933	0.86573	1.35821	−0.96746	−0.90954	−0.47883	0.82102
1.5	−0.5587	−0.42039	0.81054	1.4368	−1.10468	−1.11609	−0.63027	0.74745
1.6	−0.67629	−0.54348	0.73859	1.50695	−1.24808	−1.35042	−0.81446	0.65156
1.7	−0.80848	−0.69144	0.64637	1.56621	−1.39623	−1.61346	−1.03616	0.52871
1.8	−0.95564	−0.86715	0.52997	1.61162	−1.54726	−1.90577	−1.29909	0.37368
1.9	−1.11796	−1.07357	0.38503	1.63969	−1.69889	−2.22745	−1.6077	0.18071
2	−1.29535	−1.31361	0.20676	1.64628	−1.84818	−2.57798	−1.9662	−0.05652
2.2	−1.69334	−1.90567	−0.27087	1.57538	−2.12481	−3.35952	−2.84858	−0.69158
2.4	−2.14117	−2.66329	−0.94885	1.35201	−2.33901	−4.22811	−3.97323	−1.59151

$l=\alpha y$	A3	B3	C3	D3	A4	B4	C4	D4
2.6	-2.62126	-3.59987	-1.87734	0.91679	-2.43695	-5.14023	-5.35541	-2.82106
2.8	-3.10341	-4.71748	-3.10197	0.19729	-2.34558	-6.02299	-6.99007	-4.44491
3	-3.54058	-5.99979	-4.68788	-0.89126	-1.96928	-6.7646	-8.84029	-6.51972
3.5	-3.91921	-9.54367	-10.3404	-5.85402	1.07408	-6.78895	-13.6924	-13.8261
4	-1.61428	-11.7307	-17.9186	-15.0755	9.24368	-0.35762	-15.6105	-23.1404

（2）地面处的位移（x_A）和转角（φ_A）

假定地面或滑面处弯矩为 M_A、剪力为 Q_A，地面处的位移和转角根据桩底约束条件确定。

地面以下为坚硬的岩石地基时，可按固定端考虑，x_A 和 φ_A 由如下公式求得：

$$x_A=\frac{M_A}{\alpha^2 EI}\frac{B_1 C_2-C_1 B_2}{A_1 B_2-B_1 A_2}+\frac{Q_A}{\alpha^3 EI}\frac{B_1 D_2-D_1 B_2}{A_1 B_2-B_1 A_2}$$

$$\varphi_A=\frac{M_A}{\alpha EI}\frac{C_1 A_2-A_1 C_2}{A_1 B_2-B_1 A_2}+\frac{Q_A}{\alpha^2 EI}\frac{D_1 A_2-A_1 D_2}{A_1 B_2-B_1 A_2}$$

地面以下为土层，抗滑桩底部置于岩石上，可按铰支端考虑，x_A 和 φ_A 由如下公式求得：

$$x_A=\frac{M_A}{\alpha^2 EI}\frac{C_1 B_3-B_1 C_3}{B_1 A_3-A_1 B_3}+\frac{Q_A}{\alpha^3 EI}\frac{D_1 B_3-B_1 D_3}{B_1 A_3-A_1 B_3}$$

$$\varphi_A=\frac{M_A}{\alpha EI}\frac{A_1 C_3-C_1 A_3}{B_1 A_3-A_1 B_3}+\frac{Q_A}{\alpha^2 EI}\frac{A_1 D_3-D_1 A_3}{B_1 A_3-A_1 B_3}$$

地面以下为土层，抗滑桩底部置于土层中，可按自由端考虑，x_A 和 φ_A 由如下公式求得：

$$x_A=\frac{M_A}{\alpha^2 EI}\frac{B_3 C_4-C_3 B_4}{A_3 B_4-B_3 A_4}+\frac{Q_A}{\alpha^3 EI}\frac{B_3 D_4-B_4 D_3}{A_3 B_4-B_3 A_4}$$

$$\varphi_A=\frac{M_A}{\alpha EI}\frac{C_3 A_4-A_3 C_4}{A_3 B_4-B_3 A_4}+\frac{Q_A}{\alpha^2 EI}\frac{D_3 A_4-A_3 D_4}{A_3 B_4-B_3 A_4}$$

地面以下任意点 y 处的受力按以下公式计算：

$$x_y=x_A A_1+\frac{\varphi_A}{\alpha}B_1+\frac{M_A}{\alpha^2 EI}C_1+\frac{Q_A}{\alpha^3 EI}D_1$$

$$\varphi_y=\alpha\left(x_A A_2+\frac{\varphi_A}{\alpha}B_2+\frac{M_A}{\alpha^2 EI}C_2+\frac{Q_A}{\alpha^3 EI}D_2\right)$$

$$M_y=\alpha^2 EI\left(x_A A_3+\frac{\varphi_A}{\alpha}B_3+\frac{M_A}{\alpha^2 EI}C_3+\frac{Q_A}{\alpha^3 EI}D_3\right)$$

$$Q_y=\alpha^3 EI\left(x_A A_4+\frac{\varphi_A}{\alpha}B_4+\frac{M_A}{\alpha^2 EI}C_4+\frac{Q_A}{\alpha^3 EI}D_4\right)$$

$$\sigma_y = myx$$

根据上述公式求得抗滑桩各深度处的受力,进行相应的配筋、承载力验算和位移控制。

3. 横向承载力

抗滑桩外力验算,除满足嵌固端长度相关规定外,主要是进行横向承载力的复核。

(1) 嵌固段为岩层

桩底处最大横向压应力不大于地基的横向承载力特征值:$\sigma_{\max} \leqslant f_H$。

岩石地基横向承载力特征值 $f_H = K_H \cdot \eta \cdot f_{rk}$,约为岩石天然单轴抗压强度的 $0.15 \sim 0.45$ 倍。

(2) 嵌固段为土层

嵌固段长度为 h_2 时,需验算 $h_2/3$ 和 h_2 处(桩底)横向压应力不大于地基的横向承载力特征值。

对于滑坡,地面坡度较缓,抗滑桩是隐藏于地面以下,地面无不平衡应力(图 20-3),地面以下某点 y 处的地基横向承载力特征值为:

$$f_H = 4\gamma y \frac{\tan\varphi_0}{\cos\varphi_0} \text{(地面水平时)};$$

$$f_H = 4\gamma y \frac{\cos^2 i \sqrt{\cos^2 i - \cos^2 \varphi_0}}{\cos^2 \varphi_0} \text{(地面倾斜,且坡率为 } i\text{)}$$

地面开挖形成边坡时,存在不平衡应力(图 20-4),此时地面以下某点 y 处的地基横向承载力特征值为:

$$f_H = 4\gamma_2 y \frac{\tan\varphi_0}{\cos\varphi_0} - \gamma_1 h_1 \frac{1 - \sin\varphi_0}{1 + \sin\varphi_0} \text{(地面水平时)};$$

$$f_H = 4\gamma_2 y \frac{\cos^2 i \sqrt{\cos^2 i - \cos^2 \varphi}}{\cos^2 \varphi} - \gamma_1 h_1 \cos i \frac{\cos i - \sqrt{\cos^2 i - \cos^2 \varphi}}{\cos i + \sqrt{\cos^2 i - \cos^2 \varphi}} \text{(地面坡率为 } i\text{)}$$

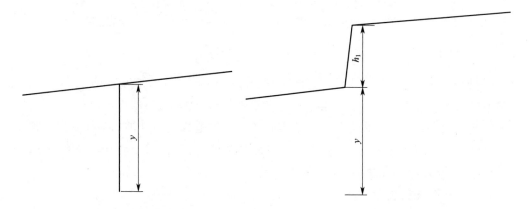

图 20-3　地面无不平衡应力　　　　　图 20-4　地面存在不平衡应力

4. 双排桩

根据现行《建筑桩基技术规范》JGJ 94，有承台或连梁协调的多排桩，任一基桩桩顶内力如下：

竖向力：$N_i = (V + \beta \cdot x_i) \rho_{NN}$；

水平力：$H_i = U\rho_{HH} - \beta\rho_{HM} = H/n$；

弯矩：$M_i = \beta\rho_{MM} - U\rho_{MH}$。

当前排桩位移较后排桩小时，基坑规范还考虑了桩间土的抗力作用。两排桩之间没有有效的连梁或承台时，其支护作用难以协调，后排桩先失效时，就会失去双排桩支护效果。

5. 抗滑桩的变形与桩锚体系

一些抗滑桩工程，桩顶变形超过1m（图20-5），甚至后侧边坡已经滑塌，抗滑桩无明显断裂和破坏，但显然已经失效。我们应避免抗滑桩在完好无损的情况下失去使用功能，保证抗滑桩满足正常使用的要求，就必须进行桩顶位移控制，大多数规范要求嵌固段顶面处位移不超过10mm，而岩质边坡不允许过大的变形，可以更严格一些。

图 20-5　大变形的抗滑桩

当抗滑桩桩身过长时，桩顶位移往往很大，难以起到较好的支护效果，此时采用锚索进行变形限制，支点力由该点的位移量确定。一些边坡抗滑桩悬臂段长度超过了20m仍在使用，桩的作用已经次于锚索的作用，规范称之为排桩式锚杆（索）挡墙。较软地层需采用弹性支点法进行设计；当锚固点水平位移量较小时（几乎无位移，即不考虑位移影响），可以采用静力平衡法或等值梁法进行结构计算。

（1）弹性支点法

如图 20-6 所示，已知主动土压力 p_{ak}，其余两个力分别为：

被动土区受力：$p_s = k\Delta x + \gamma y k_a$，

支锚点受力：$F_h = k_R \Delta x' + P_h$，其中刚度系数 $k_R = EA/L$。

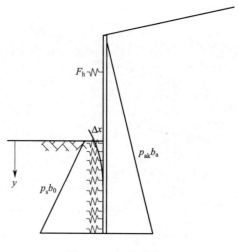

图 20-6　桩锚受力图

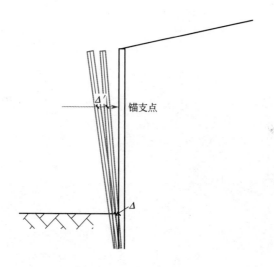

图 20-7　Δ 与 Δ' 的关系

上述原理看起来简单，但地基变形的求解却并非易事（图 20-7、图 20-8）。其被动区受力极限就是被动土压力值，规范直接采用被动土压力进行计算，三力平衡求解，即为静力平衡法；弹性支点法需要考虑变形协调求解，加上锚索后重新进行受力分析，属弹性桩可采用上述"弹性桩的 m 法"求解。

（2）等值梁法

1）先确定反弯点（$e_{ak} = e_{pk}$）

2）确定各支点锚固力

反弯点以上（规范近似取地面以上）部分主动土压力与锚固力向反弯点求矩之和为 0（可以分级自上而下分别确定各级锚固力）。

3）最小嵌固深度

假设反弯点以上所有力的作用点位于反弯点，以其合力向桩底求矩（力臂为反弯

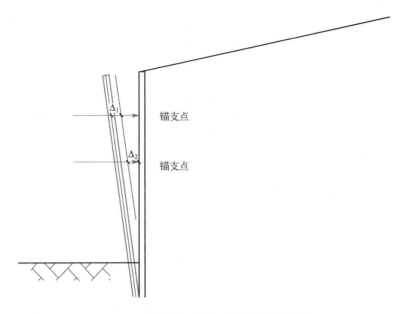

图 20-8　弹性支点法多支点的变形协调示意

点至桩底的距离）；反弯点以下合力（被动土压力与主动土压力之差）向桩底求矩。上述二者之和为 0。尚未理解，可参照《建筑边坡工程技术规范》GB 50330—2013 附录 F。

（3）排桩式锚杆（索）挡土墙的土压力

1）土压力修正

$$E_{ah}' = E_{ah}\beta_2$$

2）土压力分布

岩质边坡：$e_{ah}' = E_{ah}' / (0.9H)$，顶部 $0.2H$ 部分按三角形分布；

土质边坡：$e_{ah}' = E_{ah}' / (0.875H)$，顶部 $0.25H$ 部分按三角形分布。

（4）算法对比

假设抗滑桩悬臂段长度为 13m，仅在坡顶以下 4m 处设一道锚，为简化计算过程，受力暂不考虑按上述"排桩式锚杆（索）挡土墙的土压力"的模式，按实际桩后土压力计算，假设桩间距与计算宽度 b_p 一致，均为 3m。按均质土层，取 $\gamma = 20kN/m^3$、$c = 30kPa$、$\varphi = 10°$，各种计算方法如下：

1）按静力平衡法：主动区土压力及被动区土压力分别向锚点求矩，二者平衡计算得嵌固段深度为 10.6m，取 13m 进行计算，锚点受力为"主动土压力－被主动土压力"，为 633kN。

2）按等值梁法：仍然取锚固段长度为 13m 计算，求得反弯点深度 4.28m，向反弯点求矩，得锚固点水平力为 1050kN（按规范未考虑地面以下主动侧受力），若考虑地面以下至反弯点段受力，求得锚固点水平力为 1134.6kN。

3）按弹性支点法：仍然取锚固段长度为 13m，取 $\alpha = 0.3077$，$\alpha y = 4$，桩身抗弯刚

度 $EI=6800000$，近似估算得地面处位移 $x_A=0.038m$，$\varphi_A=-0.55°$，变形量过大，不断调整支锚点的预加力 P_h 进行试算，当支锚点水平预加力为 800kN 时，$x_A=0.01m$，$\varphi_A=0.090$，满足要求，支锚点的变形 $\Delta x'\approx0.024m$，假定采用 7 根 $\phi15.2mm$ 的锚索，$k_R\Delta x'\approx504kN$，支锚点水平力为 $k_R\Delta x'+P_h=800+504=1304kN$。

6. 挡土墙下桩基托承台梁

有时候我们在进行挡土墙设计时，抗滑移和抗倾覆均能满足要求，但地基持力层的承载力不能满足要求，采用地基处理也难以满足要求，于是，有人提出：挡土墙何不采用桩基础承担竖向荷载呢？但是采用桩基础需要承受水平力，按抗滑桩配筋计算，经济性并不理想，所以困惑就来了：

（1）抗滑桩实际上承受了水平力，需要加大配筋保证其正常使用；

（2）挡土墙只是承载力不足，并不需要抗滑桩抵抗水平力，只需要它承担竖向承载力。

将抗滑桩强度降低，变成散体状的复合地基，好像反而能够满足要求，强度和刚度越好的桩基础，不能跟地基协同作用，反而抵抗不了水平力的作用，听起来很不合理。为何抗滑满足要求的挡土墙，设置了桩基础后反而计算不满足要求了？桩基托梁是否需要考虑水平力的作用呢？

桩基当然是需要考虑水平力的，桩基础不是因为降低了地基的抗滑能力，而是桩基础优先破坏，导致其竖向承载力受损。建议将桩和挡土墙分开设计：先进行挡土墙设计，仅考虑墙底以上部分的土压力；再进行桩基设计，可以将桩顶以上部分（含挡土墙）全部看成荷载，按抗滑桩的设计方法进行设计，桩基础不仅承受了不平衡应力带来的弯矩，同时需要考虑挡土墙传递给桩顶的水平力。

桩基托梁一般建议以抗滑桩为主，顶部采用小型的挡土墙支护，可有效减少桩的长度和变形，增加其刚性；不建议采用大型挡土墙下设桩基础，不仅挡土墙需要考虑所有的土压力，桩基础同样承受着巨大的水平力。

附1篇　岩石地基上钻探问题的一些探讨

大部分黏土地基，开动钻机可以快速获得2m的钻探进尺和90％以上的岩芯采取率，速率快、成本低，勘探难度低，执行率好，但岩石地基的勘察并不理想。

1. 市场单价与技术要求不协调

在破碎、较破碎的岩石地基上钻探，要想获得理想的岩芯采取率，必须采用双管取芯，但双管取芯的市场价约为180元/m。目前除了偏僻地区的水电站、高速公路和边坡之外，全国的市场化勘探单价连其一半都不到，普通的勘探方法难以获得理想的岩芯采取率，通常只是冲出一堆砂状岩芯及一些小碎块，难以进行岩体特征鉴别。

市场单价与技术要求不协调，只能通过放松技术管控来进行协调，市场才能运转。在一些领域，无芯钻进模式已悄悄出现。那么在某些领域，钻探要求是否能根据勘探目标适当降低呢？

2. 山区岩石地基勘察的主要目标

（1）持力层埋深

持力层位置的确定，实际上是山区岩石地基最重要的勘察目标。平原地区成片分布的土质地基地层，一般按规范的经验间距布置钻孔；但山区因为持力层埋深千变万化，一般要求每个基础下面均需布置钻孔，以确定持力层深度及实际基础埋置深度。

（2）岩溶特征

岩溶地区的岩石地基，持力层最重要的特征是有没有溶洞及溶洞发育情况。因为溶洞对岩石地基的承载力、稳定性和变形影响最大。

（3）岩体质量指标

对于土质地基而言，持力层的主要特征就是含水率、变形性能及力学强度，与此相类似的基本特征是岩石地基的质量指标。这里说的质量指标不仅只是岩体质量分级，实际上岩体的基本质量分级是很粗糙的，实用价值较低。我们应关注更具体的风化特征、破碎特征及强度指标，甚至是具体的波速值和承载力特征值。

如果具有成熟的工程经验，采用低功率的钻机能够确定岩面位置、大致风化特征和溶洞位置，再辅以声波测试，确定岩体的质量指标，存在异常的钻孔及控制性钻孔增加取样分析，理论上是能够满足勘察目标的，钻探速率进行风化带和破碎带的划分，也曾有一些学术论文探讨过，但终究是没有系统的研究和成熟的规范依据。

3. 钻速法存在的问题

（1）调查和鉴别永远是岩土工程的基础

我们知道，岩土工程勘察是以实际所见为基础，对所见到的物体进行相当的试验分析进行印证和补充。只靠触探或"钻速"肯定是不行的，同样的钻速或触探结果，如果把强风化硬质岩当作中风化泥岩，或者把中风化泥岩当作碎石土，或者反过来把碎石土当作中风化泥岩，可能所得的结论完全不同，比如稳定性、压缩性和均匀性等。所以，触探或触钻法，不能作为唯一的方法大面积推广使用。

（2）依据不足

不同型号的钻机，不同的地层，其风化标准不同，甚至一些大功率钻机连同一地层的不同风化、不同破碎特征都难以区分，一些空压机甚至连 1m 的溶洞和裂隙都无法划分出来。在没有系统的研究和依据之前，不建议使用该方法进行岩体分类。

（3）对勘探人员的素质要求较高

大多数钻工没有地质基础，难以掌握规范并自觉进行规范控制，其勘探质量无法掌控，即便钻速对特定的岩层风化特征具有一定的参考意义，也只能提供参考，不能作为划分风化带的唯一依据。

（4）钻孔质量差，难以进行测试工作

如果钻孔质量能够保证，能够顺利进行井下电视和声波测井，弥补相关的勘探缺陷，其技术可行性或许会高些。但大多数无芯或少芯的钻孔，沉砂、垮孔等情况严重，难以进行井下电视和声波测试，总体无法满足勘探技术要求。

（5）一些反例

在福泉一些场地，一些勘探人员甚至未能将破碎程度差异明显的强风化与中风化进行有效区别；而在某市政主干道的隧道勘察过程中，甚至有将土层划分为岩层的情况，导致支护措施不到位，最后引起洞顶塌陷和大面积滑坡。

4. 一些想法

随着管理体系的放松，我国的价格竞争才刚刚拉开序幕，钻探单价的降低，如洪水猛兽一般，恐难挽回。但大多数工程问题，不是一般勘察单位或个别项目负责人能够承担的，总体勘探质量是必须保证的，或许钻速法在大量经验总结的基础上，能够开放于局部领域，但建议应尽可能提高钻孔质量，加强声波测井等工作。

本书主要参考文献

［1］ 铁道部第二勘测设计院. 抗滑桩设计与计算［M］. 北京：中国铁道出版社，1983.

［2］ 中华人民共和国住房和城乡建设部. 建筑边坡工程技术规范：GB 50330—2013［S］. 北京：中国建筑工业出版社，2014.

［3］ 中华人民共和国建设部. 岩土工程勘察规范（2009 年版）：GB 50021—2001［S］. 北京：中国建筑工业出版社，2004.

［4］ 中华人民共和国建设部. 建筑桩基技术规范：JGJ 94—2008［S］. 北京：中国建筑工业出版社，2008.

［5］ 中华人民共和国住房和城乡建设部. 建筑抗震设计规范（2016 年版）：GB 50011—2010［S］. 北京：中国建筑工业出版社，2010.

［6］ 中华人民共和国国土资源部. 泥石流灾害防治工程勘察规范：DZ/T 0220—2006［S］. 成都：四川省国土资源厅，2006.

编 后 语

本书前 19 篇成型较早，抗滑桩部分一直未加整理，然而其内容毕竟有诸多可探讨之处，若有缺失恐不是完整的书，于是半月之前补上了，为第 20 篇。后又补了一篇"岩石地基上钻探问题的一些探讨"，考虑到其相关问题未必具有普遍性，也不想打乱前面的布局，所以按"附 1 篇"放置于后面。

书中大部分内容得益于一些"问题报告"的启发，一些工程勘察报告，闲言碎语颇多，而切实相关的内容却缺失，笔者均以"三阶段"思维要求之，其效颇佳，大部分均是一点即通，逻辑一旦清晰，报告条理自然顺畅，内容也充实和有用起来。而岩土工程设计，行内多采用软件计算，之前所见报告，只要参数合理，初估无较大风险，彼能自圆其说者，便不欲计较，既非其师，亦无精力一一校正。今出此书，如获认可，将认识和计算规范化，则可减轻不少复校工作。如是之期，当是自视过高，毕竟笔者实力有限，未有过多交流和校审，其中问题或若浮现，恐使惴惴不安。然书中所论，除了遵守规范之外，多以探讨口吻交流之，若有不同观点尚可商榷。

（交流邮箱：2351365105@qq.com）

李庆海

2021 年 9 月 30 日